대한민국과 함께 한
국군과 주한미군 70년

대한민국과 함께 한 국군과 주한미군 70년

2021년 2월 5일 초판인쇄
2021년 2월 10일 초판발행

저자 : 남정옥
펴낸이 : 신동설

펴낸곳 : 도서출판 청미디어
신고번호 : 제2020-000017호
신고연월일 : 2001년 8월 1일

주소 : 경기 하남시 조정대로 150, 508호 (덕풍동, 아이테코)
전화 : (031)792-6404, 6605
팩스 : (031)790-0775
E-mail : sds1557@hanmail.net

편집 고명석
디자인 정인숙
교정 신재은

※ 잘못된 책은 교환해 드리겠습니다.
※ 본 도서를 이용한 드라마, 영화, E-Book 등 상업에 관련된 행위는
　　출판사의 허락을 받으시기 바랍니다.

정가 : 18,000원
ISBN : 979-11-87861-46-1 (03390)

대한민국과 함께 한
국군과 주한미군 70년

남 정 옥

정신이 살아있는 출판

청미디어
CHEONG MEDIA

대한민국 국군은 1948년 8월 15일 정부 수립 이후부터 2020년 오늘에 이르기까지 70여 년 동안 국토방위를 위해 전념해왔다. 적지 않은 세월이다. 인간으로 말하면 공자(孔子)가 말한 고희(古稀)의 나이에 접어들었다. "그 나이에 이르면 마음 가는 대로 행동해도 전혀 거슬림이 없다"는 나이다. 그래서인지 오늘날 국군은 세계 10위권의 경제 대국에 걸맞게 최첨단 무기와 장비로 무장한 채 북한군에 충분히 대적할 수 있는 역량과 능력을 두루 갖추고 있다.

대한민국 국군은 정부 수립 이후 6·25전쟁과 국군현대화 과정 그리고 자주국방을 거치며 장족의 발전을 했다. 최초 육군과 해군으로 출범한 국군은 현대전을 수행할 수 있는 육·해·공군 및 해병대의 3군 체제를 확립했고, 병력도 70만 대군을 거쳐 60만 명의 정예병을 거느리게 됐다. 거기다 육해공군 및 해병대에 포진하고 있는 여군도 국방력의 든든한 우군으로 힘을 보태고 있다.

국방부(MND)를 비롯하여 합동참모본부(JCS) 그리고 육해공군본부 및 해병대사령부는 70여 년을 거치며 다져온 튼튼한 조직과 제도개선으로 군의 중추적 사령탑으로서의 역할을 충실히 해내고 있다. 여기에 '제2의 국군'이라고 할 수 있는 향토예비군(鄕土豫備軍)이 전국적인 조직망을 갖추고 지역군(地域軍)으로서의 맡은 바 소임을 다하고 있다.

국군을 이끌고 있는 군 간부들도 역사와 전통에 빛나는 육·해·공 군사관학교를 비롯하여 육군3사관학교와 국군간호사관학교 그리고 '종합사관학교'라고 할 육군학생군사교육단(ROTC)에서 잘 짜여진 군사 교육과정을 거쳐 정예 장교로 양성되고 있다. 그야말로 이 나라를 지켜 온 호국간성들의 요람으로서 그 역할을 다하고 있다.

　대한민국 국군은 양병(養兵)뿐만 아니라 용병(用兵)에서도 노력을 게을리 하지 않았다. 적과 싸워 이길 수 있는 국군을 만들기 위해 자주국방을 통해 장비와 무기의 국산화에 성공했고, 적의 침략에 대응할 공세적인 작전계획을 수립하여 발전시켜 나가기를 주저하지 않았다. 이는 국군만의 작전계획에 그치지 않고 한미연합군이 유사시 공동으로 수행할 한미연합작전계획인 '작전계획-5027로 승계되었다. 이는 70년을 거치며 국군이 주한미군과 함께 양적 및 질적으로 발전했다는 것을 의미한다.

　국군과 주한미군은 6·25전쟁을 거치며 혈맹(血盟)으로 다져졌고, 오늘날 굳건한 동맹(同盟)으로 발전했다. 이제 주한미군은 국군과 대한민국을 지키는 '대한민국 속의 또 다른 국군'으로서 그 역할과 임무에 최선을 다하고 있다. 그것은 바로 자유민주주의 체제의 대한민국 수호이다. 주한미군에는 다양한 형태의 조직들이 있다. 유엔군사령부와 한미연합군사령부 그리고 주한미군사고문단이 바로 그것이다. 이들은 각자의 위치에서 한반도의 안정과 동북아 평화를 위해 최선을 다하고 있다. 국군은 그들과 함께 70년 세월을 보내면서 어깨를 나란히 하는 전우가 됐다. 국군의 자랑스러운 역사에는 그런 주한미군이 깊숙이 자리 잡고 있다.

이 책은 2018년 건군 70주년을 맞이하여 국방일보에 게재된 〈국민과 함께 한 국군 발자취〉의 내용을 일부 수정 보완한 것이다. 이 책에는 국군의 역사뿐만 아니라 국군과 함께 대한민국 국토방위와 안보의 한 축을 담당했던 주한미군에 관한 여러 가지 얘기들이 담겨 있다. 건군 과정과 3군 체제 확립, 국방 제도와 조직 정비 및 발전, 6·25전쟁과 한미연합군의 역할, 국방 주요기관의 출범과 변천, 장교 양성기관의 변천 과정, 자주국방과 방위산업, 주한미군의 변천, 유엔군사령부와 한미연합군사령부 역할, 한미상호방위조약과 한미동맹의 근간, 정전협정과 휴전선의 의미 등을 다루고 있다.

그런 점에서 이 책은 국군 장병은 물론이고 국방역사(國防歷史)에 관심이 있는 학자 및 연구자 그리고 국민들에게 군의 역사뿐만 아니라 국군과 함께 대한민국 안보를 위해 피를 흘리며 싸웠던 주한미군을 이해하는 데 다소나마 도움을 주게 될 것으로 기대해 본다. 이에 일독(一讀)을 권한다.

끝으로 이 책이 나오기까지에는 많은 분들의 도움이 있었다. 먼저 국방일보 유호상 팀장을 비롯하여 신연식·김주연·신재명·정임숙·김노형·권나영·남기선·조승예·오새리·손병식 기자는 편집 및 교정에 도움을 줬고, 연세대학교 정치외교학과 박사과정에 있는 심경학 선생도 자료 수집과 편집에 많은 도움을 줬다. 그리고 국내의 어려운 출판환경에도 불구하고 기꺼이 출판에 응해준 청미디어 신동설 사장과 출판사 관계자 여러분들에게도 감사한 마음을 전한다.

2021년 1월 대한민국 국군의 날 73주년을 맞이하면서

남 정 옥

1

대한민국 국방시대 개막

1. 대한민국 국방의 문을 열다

광복군 출신 장군들 '위대한 국군건설' 거보 내딛다

1948년 8월 16일 정부 수립과 함께 '대한민국 국군 시대 개막'

초대 국방부장관에 철기(鐵騎) 이범석(李範奭) 장군·차관에 최용덕 장군 임명

송호성 사령관·손원일 제독 등 광복군 출신에 의해 공식 출범

광복군전통·항일무장독립정신 계승…하나 된 국군으로 거듭나

국가관·충성심·능력 가진 군사경력자들 출신 관계없이 군 진출

　대한민국 정부 수립과 함께 '대한민국 국방의 문'이 열리게 됐다. 대한민국 국군의 시대가 개막된 셈이다. 그때가 1948년 8월 16일이었다. 그 전날 중앙청에서는 이승만(李承晩, 1875-1965) 대통령과 신익희(申翼熙, 1894-1956) 국회의장, 김병로(金炳魯, 1887-1964) 대법원장, 이범석(李範奭, 1900-1972) 국무총리를 비롯한 정부 각료들, 그리고 '태평양의 시저'로 용맹을 떨치며 일본군을 항복케 했던 맥아더(Douglas MacArthur) 장군 내외가 이승만 대통령의 특별초청을 받고 일본 도쿄에서 날아와 외빈으로 참석한 가운데 대한민국 정부 수립 경축 행사가 성대히 열렸다.

　그 다음날 국방부 청사에서는 미군정기 국방부장관 격인 통위부장(統衛部長) 이임식과 대한민국 초대 국방부 장관 취임식이 거행됐다. 떠나가는 통위부장 유동열(柳東悅, 1879-1950) 장군은 대한민국 임시정부 참모총장을 역임한 광복군 출신의 원로였다. 임시정부 참모총장은 지금의 합참의장

중앙청에서 열린 대한민국 정부 수립 축하 행사(1948년 8월 15일)

대한민국 정부 수립 후 첫 국무회의 모습(1948년 8월 16일).
이승만 대통령(왼쪽), 이범석 국무총리 겸 국방부장관(왼쪽 아래).

격이다. 유동열 장군은 미군정기 2년 넘게 통위부장으로서 국군의 전신인 경비대를 관장해오다가, 마침내 독립된 조국의 대한민국 국군으로 이관하게 됐으니, 그 감회는 말로 표현할 수 없었을 것이다.

광복군 출신 원로 유동열 장군 이임

유동열 통위부장이 경비대를 인계할 대한민국 초대 국방부 장관에는 청산리전투의 영웅이자 광복군 참모장을 역임한 철기(鐵驥) 이범석 장군이 임명됐고, 국방부 차관에도 역시 중국군 공군 출신으로 장제스(蔣介石, 1887-1975) 총통의 총애를 받았던 광복군총사령부 총무처장과 참모처장을 역임한 최용덕(崔用德, 1898-1969) 장군이 임명됐다. 그런 점에서 보면 미 군정하의 경비대를 대한민국 정부에 인계하는 사람도 광복군이었고, 이를 인수받는 사람도 광복군 출신이었다. 나아가 당시 육군총사령관인 송호성(宋虎聲, 1889-1959)과 해군총사령관인 손원일(孫元一, 1909-1980) 제독도 광복군 출신이거나 항일독립투사였다. 그렇게 볼 때 대한민국 국방의 문은 광복군 출신에 의해 열리게 된 셈이다. 이는 여러 가지 점에서 그 역사적 의미가 크다고 할 수 있겠다.

그것은 바로 대한민국 국군의 출범이 광복군 출신으로부터 비롯됐다는 점을 뜻한다. 우리나라가 다시 군대를 갖게 된 것은 대한제국 군대가 1907년 일본군에 의해 해산된 날로부터 실로 41년 만의 일이었고, 대한민국 임시정부 군대인 광복군이 1940년 창설된 이후 8년 만의 일이었기에 국방부 장관 취임식에 참석한 국방 수뇌들의 마음속에는 만감이 교차할 수밖에 없었을 것이다. 그것도 광복군 간부들에 의해 대한민국 국군이 공식적으로 출범하게 되었으니, 나라를 잃고 풍찬노숙(風餐露宿)하며, 중국 대륙에서 항일독립운동을 하던 그들로서는 그 누구보다 감회가 새롭지 않을 수 없었다.

미 군정하의 경비대, 국군으로 승격

대한민국 정부의 출범으로 미 군정하에서 경찰보조역으로 출발했던 경비대는 마침내 나라를 지키는 국군으로 승격됐다. 조선경비대는 대한민국 육군으로, 조선해안경비대는 대한민국 해군으로 법적 지위를 얻게 됐다. 공군은 아직 창설되지 않은 관계로 육군항공대 수준에 머물러 있었으나 그것은 오래가지 않았다. 해병대도 아직 창설되지 않았으나, 곧 발족을 앞두고 있었다. 각 군 본부도 아직 정립되지 않아, 일단 총사령부체제로 유지됐다. 육군총사령부와 해군총사령부가 바로 그것이다.

육군본부와 해군본부는 국군조직법이 제정된 후에야 제자리를 찾게 됐다. 모두가 지금과 비교하면 어설프고 생소했으나 생기가 넘쳤다. 그 과정에서 대한민국 국군의 일원이 된 국군장병들의 자부심은 대단했다. 그러다 보니 장병들 간에 과거 출신을 놓고 알력 같은 것은 거의 없었다. 모두가 대한민국 국군이라는 것이 자랑스러울 뿐이었다.

나라 지키는 군대라는 의미 '국방군'으로 호칭

비록 일제강점기 일본군, 만주군, 중국군, 광복군으로 나뉘어 서로 다른 군복을 입고 다른 형태의 군대에서 복무했으나, 국군 출범 후에는 그런 것에 구애받지 않았다. 있다면 오로지 하나 된 국군만이 존재했다. 국방부 장관에 취임한 이범석 장군도 취임 일성으로 국군을 '나라는 지키는 군대'라는 의미에서 '국방군(國防軍)'으로 호칭했다. 나아가 국군은 광복군의 전통과 항일무장독립정신을 계승할 것을 강조했다. 비록 일제의 지배를 받는 식민지 시대에는 각기 다른 군복을 입었으나, 이제는 그런 것에 연연하지 말고 대한민국 국군으로 거듭나라는 메시지였다.

어떤 국가조직이든 새로 조직이 만들어지면 가장 시급한 것이 조직에 필

요한 인재확보이다. 국방부도 그런 점에서는 마찬가지였다. 거대한 조직을
효율적으로 이끌기 위해서는 경험을 갖춘 유능한 인재가 필요했다. 하지만
군의 특성상 군인은 짧은 시간에 양성되지 않는다. 그중에서도 고급간부는
더욱 그러했다. 초대 국방부 장관에 취임한 이범석 장군은 군에 필요한 인
재 찾기에 발 벗고 나섰다. 이제까지 일본군과 만주군 또는 광복군으로 있
었으면서 군에 참여하지 않은 군사경력자들이 많이 있었다.

특히 고급장교까지 진출했으나, 광복 후 자숙(自肅)하는 차원에서 또는
귀국이 늦어지는 까닭에 아직 군에 들어오지 않은 많은 군사경력자들을 군
에 입문케 했다. 안춘생(安椿生, 1912-2011, 육군 중장 예편), 이준식(李
俊植, 1900-1966, 육군 중장 예편), 김석원(金錫源, 1893-1978, 육군 소

대한민국 정부 수립을 경축하는 국군의 시가행진(1948년 8월 15일)

장 예편), 권준(權畯, 1895-1959, 육군 소장 예편), 백홍석(白洪錫, 1890-1959, 육군 소장 예편), 유승렬(劉昇烈, 1893-1968, 육군 소장 예편), 안병범(安秉範, 1890-1950, 육군 준장 추서) 전성호(全盛鎬, 1896-1950, 육군 준장 추서), 백석주(白錫柱, 1923-1917, 육군 대장 예편), 박임항(朴林恒, 1919-1985, 육군 중장 예편), 박영준(朴英俊, 1915-2000, 육군 소장 예편), 유병현(柳炳賢, 1924-2020, 육군 대장 예편), 이주일(李周一, 1918-2002, 육군 대장 예편), 장경순(張坰淳, 육군 중장 예편), 김관오(金冠五, 육군 소장 예편) 김국주(金國柱, 육군 소장 예편), 신태영(申泰英, 1891-1959, 육군 중장 예편), 이종찬(李鍾贊, 1916-1983, 육군 중장 예편), 이용문(李龍文, 1916-1953, 육군 소장 추서), 김홍일(金弘壹, 1898-1980, 육군 중장 예편) 등 군을 이끌고 간 걸출한 인물들이 그때 들어왔다.

대한민국 국군으로서 자긍심 가져

이범석 장관의 끈질긴 노력과 설득으로 재야의 숨은 군사경력자들이 출신과 관계없이 대거 군으로 들어오게 됐다. 새로 출범한 국군에는 출신 같은 것은 존재하지 않았다. 있다면 국가관과 충성심 그리고 군인으로서 능력만이 존재했다. 50대의 나이 많은 광복군과 중국군 출신들은 젊고 패기에 넘친 20-30대 일본군, 만주군 출신 장교들을 포용했고, 젊은 장교들은 나이 든 광복군 출신들을 존경하며 따랐다.

그들은 모두 대한민국 국군으로서 자긍심을 갖고 6·25전쟁을 극복하고, 전후 군을 가꾸며 발전시켜 나갔다. 여기에는 초대 국방부 장관 이범석과 차관 최용덕 장군이 있었기에 가능했다. 이범석 장관은 그들과 함께 대한민국 국방의 문을 활짝 열고, '위대한 대한민국 국군건설'을 향한 힘찬 거보를 내딛게 했다.

2. 대한민국 첫 국방정책 기조, 연합국방

주일연합군사령관 맥아더 원수(오른쪽 2번째)의 초청으로 일본을 방문한 이승만 대통령
(1948년 10월 19일)

"연합국방 토대 아래 강력한 한미동맹 구축"

대한민국 정부 수립과 함께 출범한 국방 수뇌들은 새 국가의 국방정책 기조를 연합국방(聯合國防)으로 수립한 후 강력히 추진했다. 이른바 대한민국 단독에 의한 '자주국방'이 아니라, 미국을 비롯한 자유 우방국들과의 동맹 내지는 협력을 통해서 국방을 실현해 나가겠다는 의미가 담겨 있었다.

자유우방과 연합하여 국방실현 의지

그때 내세운 연합국방의 개념도 "대한민국은 국제공산주의 세력에 맞서 미국 등 자유 우방국과의 연합을 통해 추진해 나간다"는 것이었다. 당시 대한민국의 입장에서는 단순히 북한 공산정권만이 아닌 북한 정권을 수립에 결정적 역할을 했던 소련 등 국제공산주의 세력에 주목하고, 이에 맞서는 연합국방을 신생국 대한민국 국방의 정책 기조로 일찌감치 정하고, 이를 국방추진의 동력으로 삼았던 것이다.

6·25전쟁 시 38도선을 넘고 있는 한미 연합군(1950년 10월)

연합국방은 당시 한반도가 처한 위중한 안보 상황과 국제정세를 면밀히 고려하여 수립된 것이다. 그때나 지금이나 대한민국의 국가 및 군사지도자들은 이 지구상에서 믿고 의지하며 도움을 요청할 수 있는 유일한 국가는 미국뿐이라고 여겼다. 여기에 굳이 외연(外延)을 넓히자면 자유민주주의와 시장경제 체제를 표방하는 자유 우방국들이 포함됐다. 그렇지만 최종적으로 대한민국에 결정적 도움을 줄 수 있는 국가는 미국이었다. 대한민국에게 있어 미국은 공산주의에 대항하여 싸우는 '자유민주주의 국가의 오아시스'와 같은 존재였다. 실제로 미국은 제2차 세계대전 이후 자유민주주의 국가의 맏형(Big Brother)을 자처하며 그런 역할을 충실히 해내고 있었다. 그것은 미국이 그런 능력과 힘을 충분히 갖춘 강대국이었기 때문이다. 대한민국 정부와 국민들은 그것을 너무나 잘 알고 있었다.

더욱이 대한민국 정부 수립 이후 북한의 군사력 증대와 이에 따른 남침 준비 그리고 남한 사회를 혼란에 빠트리기 위한 '북한 인민유격대' 침투 등은 대한민국 정부와 국민들에게 안보적 불안감을 갖게 만들었다. 특히 38도선에서의 북한의 무력도발과 위협은 이러한 '안보적 불안'을 더욱 부채질하게 했다. 6·25전쟁 이전 남북한 간의 군사적 대결국면에서 대한민국 정부는 자체 무장력을 강화하면서 미국을 향해 전쟁 방지를 위한 여러 가지 안보적 조치들을 요청하고 나섰다. 그것은 연합국방을 토대로 한반도에서 동족상잔(同族相殘)의 전쟁을 방지하기 위한 대한민국 정부로서 할 수 있는 최선의 방책이었다.

미국에 다양한 안보·군사적 조치 요구

대한민국 정부가 미국에게 요구한 안보적, 군사적 조치들은 다양했다. 먼저 대한민국 정부는 북미와 서유럽 국가들이 소련 공산세력에 맞서기 위해 1949년 4월에 북대서양조약기구(NATO)를 결성한 것을 보고, 태평양지역에서도 반공 국가들로 구성된 태평양동맹을 결성할 것을 주장하고 나섰다. 이른바 미국의 원조와 도움을 받고 있는 태평양지역의 반공 국가인 자유중국(현재 대만)과 필리핀, 그리고 대한민국이 미국을 중심으로 태평양동맹을 결성하자는 것이었다. 하지만 미국의 무성의와 반대로 성사되지 못했다. 대한민국 정부가 두 번째로 들고 나선 것이 한미상호방위조약이었다. 이는 미국과 동맹 관계를 맺자는 것이었다. 그렇게 되면 북한이나 소련이 전쟁을 일으키지 못할 것이라는 판단에서였다. 미국은 이마저도 거절했다. 대한민국 정부는 계속해서 워싱턴에 단 한 명이라도 좋으니 주한미군을 주둔시켜 줄 것과 양호한 군항(軍港)인 진해항을 미국에게 빌려줄 터이니 사용해 줄 것을 요청했다. 그러나 미국의 반응은 매몰찼다. 안 된다는 것이었다.

대한민국 정부는 마지막 희망을 걸고 우리의 국방은 우리가 알아서 할 터이니 전차와 전투기 등 전투용 무기를 지원해 달라고 했으나, 미국은 그런 무기는 공격용 무기이니 "안 된다!"며 딱 잘라 거절했다. 6·25전쟁 이전 대한민국 정부는 연합국방의 기조 위에서 한반도에서의 전쟁을 방지하기 위해 여러 가지 안보적 조치들을 미국에 내놓았으나, 미국의 거절과 무관심으로 모두 실현되지 못했다. 미국이 그렇게 한 데에는 한반도에서 전면전쟁이 일어나지 않을 것이라는 전략적 오판과 그에 따른 소극적 대한정책(對韓政策)의 결과였다. 결국 그런 연장선상에서 북한은 남침을 도발했다. 6·25전쟁이었다. 당시 국력도 미약하고, 국방력도 미흡했던 대한민국의 연합국방은 가장 믿었던 미국에 의해 한갓 구호 취급을 받으며 맥없이 무너졌다.

국제공산주의에 맞서 '연합국방' 효력 발휘

하지만 대한민국이 정부 수립 이후 국방 기조로 내세운 연합국방은 엉뚱하게도 6·25전쟁이 터지면서 뒤늦게 그 효력을 발휘하게 됐다. 남침 직후 미국 등 자유 우방국들은 대한민국을 돕기 위해 유엔안전보장이사회를 긴급 소집했고, 급기야는 불법 남침한 북한 정권을 응징하기 위해 집단안전보장권을 발동했다. 이른바 국제공산세력에 맞선 자유 우방국들이 자유민주주의 체제의 대한민국을 돕기 위해 발 벗고 나선 것이다. 대한민국이 전쟁 이전 그토록 바랐던 자유 우방 국가와의 연합을 통해 국제공산주의 세력에 맞선다는 연합국방이 뜻하지 않게 실현됐다.

작전통제권 이양과 한미상호방위조약

유엔안전보장이사회에서는 집단안전 보장권을 발동하면서 유엔회원국 군대로 하여금 대한민국을 군사적으로 돕도록 했고, 이를 총괄적으로 지휘할 유엔군사령부(UNC)를 창설하고, 그 설치 권한과 책임을 모두 미국 정부에 위임했다. 이에 따라 미국 정부는 미 극동군사령관 맥아더(Douglas MacArthur) 원수를 유엔군 사령관에 임명하고, 유엔군사령부를 구성하도록 했다. 이를 지켜보고 있던 이승만 대통령은, 미 육군참모총장 콜린스(J. Lawton Collins, 1896-1987) 대장이 일본 도쿄로 날아와 맥아더 유엔군 사령관에게 유엔사무총장이 유엔주재 미국대사에게 수여한 유엔기를 전달한 바로 그날, 대한민국 국군의 작전통제권을 유엔군 사령관에게 이양했다.

그 당시 전쟁 당사국이면서 유엔회원국이 아니었던 대한민국 정부는 국제공산주의 침략에 맞서 자유 우방 국가와 연합하여 싸운다는 연합국방의 기조에 따라 대한민국 국군의 작전통제권을 유엔군 사령관에게 이양하게 됐다.

6·25전쟁 시 국군의 작전통제권 이양은 대한민국 정부수립과 함께 국방부가 표방했던 연합국방의 기조 위에서 이승만 대통령이 통수권적 차원에서 내렸던 특단의 조치였다. 그런 연합국방의 토대 위에서 전후 한미상호방위조약이 체결됐고, 그 연장선상에서 오늘날과 같은 강력한 한미동맹이 형성될 수 있었다. 그 밑바탕에는 대한민국 정부 수립 이후 국방부가 최초로 국방정책 기조로 내세운 연합국방이 있었음을 간과해서는 안될 것이다.

3. 국방체제의 정비

"1948년 국군조직법 공포…국방의 골격을 갖추다"

대한민국 육군의 모체로 서울 태릉에서 창설된 남조선국방경비대(1946년 1월 15일)

대한민국 해군의 전신인 해방병단의 주역들(1945년 11월 11일)

공군의 전신인 육군항공대 소속의 L-4연락기. 공군은 1949년 10월 1일 육군에서 독립

진해 덕산비행장에서 창설된 해병대(1949년 4월 15일)

1948년 7월 17일 제헌헌법 등 공포

대한민국 국방조직과 제도는 정부조직법, 국군조직법, 국방부직제령, 병역임시조치령, 병역법, 해병대령, 공군설치령, 군인복무령에 의해 체제를 갖추며 정비해 나갔다. 1948년 7월 17일 대한민국 법률 제1호로 제정된 정부조직법은 정부 행정조직의 대강(大綱)을 정해 통일적이고 체계 있는 국무수행(國務遂行)을 할 수 있도록 규정됐다. 정부조직법 제4조에 의하면 행정 각부는 내무부, 외무부, 국방부, 재무부, 법무부, 문교부, 농림부, 상공부, 사회부, 교통부, 체신부 등 11부가 있었다.

정부의 각 부에는 장관 1인과 차관 1인을 두고, 그 밑에 비서실, 국(局), 과(課)를 두도록 했다. 국방부 본부에는 비서실, 제1국(인사·행정), 제2국(정신교육·보도), 제3국(군수·후생), 제4국(방첩·검찰) 및 항공국(航空局) 등 5개국이 있었다. 이범석(李範奭) 국방부 장관의 초대 비서실장에는 국무총리를 역임했던 강영훈(姜英勳, 1922-2016, 육군 중장 예편, 국무총리 역임) 중령이, 장관 전속부관에는 박병권(朴炳權, 1920-2005, 육군 중장 예편, 국방부 장관 역임) 중령이 보직됐다.

국군의 통수와 군정 및 군령에 관한 법령은 1948년 7월 17일 공포된 제헌헌법(制憲憲法)을 비롯하여 정부조직법, 국군조직법, 국방부직제령, 공군본부직제령에 명시되어 있다. 그중에서도 핵심 법령은 국군조직법과 국방부직제령이다. 국군조직법은 최용덕 국방부 장관의 임시부관으로 임명된 신응균(申應均, 1921-1996, 육군 중장 예편, 국방과학연구소 초대소장 역임) 육군항공 이등병에 의해 만들어졌다. 신응균은 일본 육군 소좌 출신이었으나 광복 후 자숙하는 차원에서 군 간부로 들어오지 않고 육군항공대에 입대하여 이등병으로 있었다.

해방 이후 신응균은 군내 최고의 군사이론가로 알려졌다. 결과적으로 국군조직법이 이등병에 의해 만들어진 셈이다. 신응균의 부친은 3대 육군참모총장과 4대 국방부 장관을 지낸 신태영(申泰英, 육군 중장 예편) 장군이다. 신응균은 신태영의 장남이다. 두 부자가 육군 중장으로 전역했다.

대통령은 국군을 통수한다

국방법령에 의하면 대한민국의 국군 통수체계는 대통령을 정점으로 국방부 장관, 국군참모총장(國軍參謀總長), 육·해·공군 총참모장으로 연결됐다. 그리고 대통령의 통수(統帥)에 대한 법률적 근거는 헌법에, "대통령은 국군을 통수하고, 국군의 조직과 편성은 법률로 정한다"라고 명확히 명시됐다. 통수권 행사에 대해서는 1948년 11월 30일 공포된 국군조직법에 "대통령은 국군의 최고 통수자(統帥者)로서 대한민국 헌법과 법률에 의하여 국군 통수상 필요한 명령을 발(發)할 권한이 있다"고 되어 있다.

또한 국방부 장관은 군령권 행사를 보다 원활하기 위해 국방부 편제에 미국 합참의장에 해당하는 국군참모총장과 연합참모회의(聯合參謀會議)를 설치하여 운용하도록 했다. 국군참모총장은 국무회의 의결을 거쳐 대통령이 임명했다. 국군참모총장은 현재의 합동참모의장에 해당하는 직책으로, 각 군 총참모장(總參謀長)을 통해 각 군에 대한 군령권을 행사할 수 있도록 국군조직법에 그 권한과 책임이 명시되어 있다.

국군참모총장의 임무는 대통령 또는 국방부 장관의 지시를 받아 국방 및 용병(用兵) 등에 관하여 육·해군을 지휘통할(指揮統轄)하며 일체의 군정에 관하여 국방부 장관을 보좌하는 것이었다. 국군조직법에는 국군참모총장이 각 군에 대한 군령권을 효율적으로 행사할 수 있도록 국방부에 연합참모회의를 설치할 수 있도록 했다. 지금의 합동참모회의에 해당한다.

육·해공군총사령관에 정일권 육군소장 임명

연합참모회의는 육·해군의 작전과 용병 그리고 훈련에 관한 중요한 사항을 심의하는 군 최고의 합의기구였다. 연합참모회의는 의장인 국군참모총장을 비롯하여, 그 밑에 국군참모차장, 육·해군의 총참모장과 참모부장(參謀副長, 현

정일권 육해공군총사령관 겸 육군참모총장과 맥아더 원수(오른쪽), 왼쪽은 미8사령관 리지웨이 장군

재 참모차장 해당), 국방부 항공국장·제1국장·제3국장, 그리고 국방부 장관이 지명하는 육·해군 장교로 구성됐다. 초대 국군참모총장에는 육군의 채병덕(蔡秉德, 1916-1950, 6·25때 전사, 육군 중장 추서) 대령이 임명됐으나, 채병덕이 제2대 육군총참모장에 임명되면서 국방기구 간소화 방침에 따라 국군참모총장 직책은 1949년에 폐지됐다. 따라서 6·25전쟁 발발 때는 우리 군에 합참의장 제도가 없었다.

이에 이승만(李承晚) 대통령은 6·25전쟁이 발발하고 서울이 함락된 직후 육군참모부장이던 정일권(丁一權, 1917-1994, 육군 대장 예편, 국무총리 역임) 준장을 육군 소장 승진과 동시에 육군총참모장에 임명하면서 육·해·공군총사령관을 겸하도록 했다. 미군 및 유엔군과의 연합작전 협의를 염두에 두고 지금의 군 서열 1위인 합참의장에 해당하는 육해공군총사령관 직책을 부여했던 것이다. 실제로 전쟁 기간 정일권 장군은 육해공군총사령관

직책을 갖고 미군 및 유엔군과 연합작전을 협의하며 작전을 지도했다.

국방조직과 체제가 어느 정도 정비되자, 정부에서는 대한민국 국군의 최고 계급인 장성(將星) 진급식을 이승만 대통령 주관하에 중앙청 광장에서 성대히 거행했다. 그때가 1948년 12월 1일이다. 대한민국 최초의 준장 진급자는 모두 5명이었다. 광복군 출신으로 육군의 김홍일(金弘壹, 육군 중장 예편)과 송호성(宋虎聲, 육군 준장 예편, 6·25 때 납북), 항일애국지사인 해군의 손원일(孫元一, 해군 중장 예편), 일본군 출신으로 육군의 이응준(李應俊, 육군 중장 예편, 초대 육군참모총장 역임)과 채병덕(蔡秉德) 장군이었다. 이어 정부에서는 다음 해인 1949년 2월 1일 군이 급속히 확장되자 장성들을 다시 진급시켰다. 이때 최초의 소장 진급자가 4명 나왔다. 육군의 김홍일·이응준·채병덕, 해군의 손원일 제독이다. 그때 육군의 정일권과 이형근(李亨根, 1920-2002, 육군 대장 예편)이 준장으로 진급했다.

1953년 1월, 백선엽 장군 국군 최초 대장 진급

국군 최초로 대장 진급한 백선엽 장군

공군에서는 다음 해인 1950년 5월에 공군총참모장 김정렬(金貞烈, 1917-1992, 공군 중장 예편, 국무총리 역임)과 국방부 차관 최용덕(崔用德, 공군중장 예편, 2대 공군참모총장)이 준장으로 진급했다. 규모가 타군에 비해 작았던 해병대에서는 1950년 9월에 해병대 사령관 신현준(申鉉俊, 1915-2007, 해병 중장 예편)이 준장으로 진급했다. 이후 정일권 장군이 1951년 2월에 국군 최초로 중장에, 뒤를 이어 백선엽(白善燁, 1920-2020, 7·9대 육군참모총장과 4대 합참의장 역임) 장군이 1953년 1월에 국군 최초의 대장(大將)으로 진급했다. 건군 5년 만에 대장이 배출됐다. 이로써 국군은 국방법령에 의하여 국방조직과 체제를 정비하고, 군의 골격을 갖추게 됐다.

4. 육·해·공군 3군 체제 확립

대한민국 국군은 정부 수립과 더불어 발족됐다. 그럼에도 대한민국 국군이 되기까지에는 여러 가지 제도적, 법적인 절차가 남아 있었다. 그것은 경비대가 미 군정하에 있었기 때문이다. 대한민국 정부 수립 이후 미 군정하의 행정권이 대한민국 정부로 이양됨에 따라 나라의 군대가 될 경비대도 여기에 발맞춰 대한민국 국군으로 편입되는 수순을 밟게 됐다.

정부 수립과 더불어 경비대에서 대한민국 국군으로 전환된 국군 수뇌부의 기념사진.

그 결과 1948년 9월 1일 미 군정하의 경비대는 독립된 대한민국 국군으로 정식으로 편입됐다. 이에 따라 9월 5일 조선경비대는 육군으로, 조선해안경비대는 해군으로 개칭됐고, 지휘부도 육군총사령부와 해군총사령부로 개칭됐다.

국군조직법 공포…2군 체제로 출범

1948년 11월 30일 국군조직법이 공포됨에 따라 오늘날과 같은 대한민국 국군의 외형적인 모습을 갖추게 됐다.

국군조직법에 의해 육군총사령부는 육군본부로, 해군총사령부는 해군본부로 명칭을 바꾸게 됐다. 당시는 공군이 독립되지 않았기 때문에 육군과 해군의 2군 체제였다. 육군과 해군에는 총참모장을 두어 각 군을 지휘·통제하도록 했다. 이른바 총참모장 체제였다. 각 군 총참모장은 1956년에 이르러 오늘날과 같은 참모총장으로 바뀌게 됐다.

당시에는 국방부에 합참의장에 해당하는 국군참모총장이 있었기 때문에 각 군에는 총참모장을 두었다. 육·해군 총참모장은 국군참모총장의 지휘를 받았다. 국군조직법에 의하면 "육·해군 총참모장은 국군참모총장의 명을 받아 각 군 본부 및 예하 부대를 지휘·감독"하도록 되어 있었다.

초대 육군 총참모장에 이응준 장군

육군본부에는 총참모장 밑에 참모차장에 해당하는 작전참모부장과 행정참모부장을 두고, 예하에 국장 및 실장을 두도록 했다. 참모차장이 2명인 셈이다. 초대 육군 총참모장은 이응준(李應俊, 육군 중장 예편) 장군이었다. 6·25전쟁 이전 작전참모부장은 정일권(丁一權, 육군 대장 예편) 준장이었고, 행정참모부장은 김백일(金白一, 1917-1951, 육군 중장 추서) 대령이었다.

작전참모부장 밑에는 일반참모부에 해당하는 인사국, 정보국, 작전교육국, 군수국, 고급부관실을 두었고, 행정참모부장 밑에는 특별참모부에 해당하는 재무감실, 법무감실, 감찰감실, 정훈감실, 후생감실, 의무감실, 병기감실, 병참감실, 통신감실, 헌병사령부, 포병사령부를 뒀다. 그리고 예하에 학교기관, 8개 사단, 특별부대를 두었다. 6·25전쟁 이전까지 육군의 최고 전술단위부대는 사단(師團)이었다. 그러던 것이 6·25전쟁을 맞아 군단(軍團) 편제로 바뀌었다. 이후 육군본부의 행정참모부장 밑에 공병감실과 측지감실을 추가로 편성하여 운영했다.

초대 해군 총참모장에 손원일 제독

해군본부도 총참모장 밑에 행정참모부장과 작전참모부장을 두고, 예하에 국장과 실장을 두었다. 작전참모부장 밑에는 함정국(艦艇局), 병기감실, 통신감실, 정보감실, 작전국을 두었고, 행정참모부장 밑에는 경리국, 인사국, 총무실, 의무감실, 시설감실, 정훈감실, 헌병감실, 감찰감실, 법무감실, 교육감실을 두었다.

예하부대로는 해병대를 비롯해 진해통제부, 인천·묵호·목포경비부, 부산·군산·포항기지, 제1·제2·제3정대 및 훈련정대, 해군사관학교, 인천병원 등이 있었다. 초대 해군총참모장에는 손원일(孫元一, 해군 중장 예편, 국방부 장관역임) 제독이 맡아 지휘했다.

초대 공군 총참모장에 김정렬 장군

공군은 국군조직법 제23조에 규정된 "본법에 의하여 육군에 속한 항공병은 필요한 때에 독립한 공군으로 조직할 수 있다"라는 조항에 따라 육군에서 독립했다. 공군본부의 전신인 육군항공사령부(陸軍航空司令部)는 1949

공군창설기념 사진(1949년 10월 1일)

해병대 창설 5주년 기념식(부산 용두동, 1954년 4월 15일)

년 대통령령 제254호로 공포된 「공군본부직제령」에 따라 공군으로 새로이 발족됐다.

새로 발족된 공군본부에는 총참모장 밑에 1명의 참모부장을 두고, 그 예하에 인사국, 정보국, 작전국, 군수국, 고급부관실, 재무감실, 법무감실을 두었다. 그리고 예하부대로는 공군사관학교, 비행단, 항공기지사령부, 여자항공대, 보급창, 공군병원 등을 두었다. 초대 공군총참모장은 김정렬(金貞烈, 공군 중장 예편, 국방부 장관·국무총리 역임) 장군이었다.

공군의 독립으로 대한민국 국군은 정부 수립 당시 육군과 해군의 2군 체제에서 비로소 육·해·공군의 3군 체제로 출범할 수 있게 됐다. 여기에 이미 상륙작전의 필요성에 따라 출범한 해병대가 있었다. 그렇게 됨으로써 대한민국 국군은 오늘날과 같은 육·해군 및 해병대 체제를 갖추게 됐다.

육·해·공군 수장들 동등한 계급으로

하지만 육해공군의 수장(首長)들이 동등한 계급을 갖게 되기까지에는 시간이 더 필요했다. 그것은 각 군 총장들의 계급에 차이가 있었고, 여기에 따라 각 군의 장성(將星) 수(數) 및 위상이 크게 달랐기 때문이다. 1969년 8월까지 육군참모총장의 계급은 4성 장군인 대장이었던 것에 반해, 해군과 공군참모총장의 계급은 3성 장군인 중장이었다. 해병대도 마찬가지로 중장이었다. 그러다 보니 각 군의 장성 수는 물론이고, 위상에도 현격한 차이가 났다. 그럼에도 해·공군에서는 그 문제를 해결하지 못하고, 속으로만 앓고 있었다.

그때 각군 총장들의 계급을 대장으로 올려줄 것을 과감히 건의한 사람이 있었다. 바로 중장 계급장을 달고 제9대 공군참모총장으로 있던 장지량(張志良, 1924-2015, 공군 중장 예편) 장군이었다. 그는 기지(奇智)를 발휘해

이 문제를 해결했다. 어느 날 장 총장은 박정희 대통령에게 "각하 인구가 1억이 넘는 나라의 영도자는 대통령이고, 100만도 안 되는 조그마한 나라의 영도자도 대통령입니다. 큰 나라 대통령이라고 해서 대통령이고, 작은 나라라고 해서 소통령(小統領)이라고 부르지 않습니다." 그렇듯이 "육군은 병력 수가 많아서 대장(大將) 참모총장이고, 해공군은 병력 수가 적다고 중장(中將) 참모총장을 하는 것은 불공평합니다"라고 말하며, 그로 인한 애로사항을 털어놨다.

박정희 대통령은 그 말을 심각하게 듣고 있다가, "일리 있어, 병력 수의 많고 적음의 문제가 아니지?"라며 장지량 총장의 건의를 받아들였다.

1969년, '대장 참모총장 시대' 실질적인 3군체제 개막

그렇게 돼서 1969년 9월 1일부로 해군과 공군참모총장 그리고 해병대 사령관이 모두 대장으로 승진하게 됐다. 그에 따라 중장이 총장을 하던 시절의 공군에는 8명의 장군뿐이었는데, 총장이 대장이 된 이후 장성수가 무려 50여 명으로 늘어나게 됐다.

그에 따라 해·공군에 놀라운 발전이 뒤따랐음은 물론이다. 그렇게 볼 때 1949년 건군 초기의 육·해·공군의 3군 체제는 그로부터 20년 후인 1969년에야 비로소 각 군이 '대장 참모총장 시대'를 맞이하면서 '실질적인 3군 체제'를 갖출 수 있게 되었다.

5. 대한민국 국군의 '자랑스런 군번'

대한민국 군인에게는 모두 군번(軍番)이 있다. 군인치고 군번이 없는 군인은 없다. 군번이 없다면 그것은 '가짜 군인'일 것이다. 군번은 군인의 정체성을 나타내는 그림자이다. 그래서 군인들은 군번이 새겨진 인식표를 항상 목에 걸고 다닌다. 전사하면 인식표를 보고 바로 누구인지를 알 수 있다. 그런 점에서 군인에게 있어 군번은 또 하나의 '나'를 상징한다. 바로 군인으로서 자신을 뜻한다.

군번이 새겨져 있는 대한민국 국군 인식표

군번은 곧 서열…여러 의미 갖고 있어

대한민국 군대에 들어가면 제일 먼저 부여받는 것이 바로 군번이다. 군인에게 군번은 떼려고 해야 뗄 수 없는 불가분의 관계이다. 자신의 분신이나 마찬가지다. 그렇기 때문에 군번은 매우 소중하다. 군대에서 군번을 나타내는 인식표를 잃어버린 것은 자신을 버린 것이나 마찬가지다. 군번은 여러 가지 의미를 담고 있다. 군번은 서열을 나타낸다. 군번이 빠르면 선임자다. 같은 계급이라도 군번이 빠른 사람이 상급자 역할을 한다. 그런 관계로 군번은 군인들의 서열을 나타낸다. 군번은 보통 성적순으로 매겨진다. 그렇기 때문에 군번은 곧 군인들의 자존심과도 연결된다. 장교들은 철저히 임관성적을, 사병들은 보통 입대 순 또는 훈련성적을 반영했다.

창군 초기 군번으로 빚어진 해프닝도

그러다 보니 군번을 두고 다툼도 있었다. 여기에 유명한 일화가 있다. 육군 장교의 군번 1번은 육군참모총장과 초대 합참의장을 역임한 이형근(李亨根, 육군 대장 예편, 초대 합참의장 역임) 장군이고, 2번은 육군참모총장을 두 차례 역임한 채병덕(蔡秉德, 2·4대 육군참모총장 역임) 장군이었다.

채병덕 장군은 이형근 장군보다 일본육군사관학교 7년 선배인 데다 광복 당시 계급도 높았고, 나이도 많았다. 채병덕 장군은 후배인 이형근 장군에게 군번 1번을 빼앗긴 것에 불만이 많았다. 그 당시 군번은 접수된 순으로 처리됐는데 채병덕 장군은 그것을 못마땅해했다.

이에 채병덕 장군은 당시 군번을 부여한 인사장교로 6·25전쟁 초기 2사단장을 역임한 임선하(林善河, 1923-2018, 육군 소장 예편) 장군과 당사자인 이형근 장군에게 기합을 줬다. 그래서 채병덕과 이형근의 관계는 썩 좋지 않았다. 두 사람의 그런 관계는 채병덕 장군이 6·25전쟁 초기 전사할 때까지 이어졌다. 창군 초기 군번으로 빚어진 해프닝이었다.

자군에 맞는 군번을 별도로 마련

대한민국 국군은 군 인사관리 차원에서 군에 복무하는 모든 군인에게 숫자와 문자로 된 일련의 고유번호를 부여하고 있다. 이에 따라 육·해·공군 및 해병대에서는 자군(自軍)에 맞는 군번을 별도로 마련하여 부여하고 있다. 그렇기 때문에 군대를 갔다 온 사람이면 군번만 보고도 육·해·공군 및 해병대 중 어떤 군에서 복무했는지 금방 알아맞힐 수 있다. 특히 같은 군대에서 복무한 사람이라면 군번만 보고 바로 선배인지 후배인지도 알 수 있었다.

첫 육군 장교 군번은 10001번

창군 과정에서 육군의 군번은 장교와 사병을 구분했다. 최초 육군 장교의 군번은 '1만'을 기본단위로 하여 10001번부터 시작됐다. 이 군번은 창군 원로들이 나온 군사영어학교(軍事英語學校)와 육군사관학교 출신들에게 부여됐다. 육군 장교의 군번 1번인 이형근 장군은 군사영어학교 출신으로 '10001'이었다. 그냥 1번이 아니라 '만일 번'인 셈이다. 그 후 이 군번은 육군사관학교 출신으로 이어져 오늘에 이르고 있다. 군사영어학교 출신은 모두 110명이 임관했다. 그래서 군사영어학교 마지막 군번은 10110번이다. 군사영어학교 마지막 군번인 10110번은 초대 육군참모총장을 역임한 이응준(李應俊, 초대 육군참모총장 역임) 장군이다. 이응준 장군은 '군번 1번'인 이형근의 장인(丈人)이다. 장인과 사위가 창군 초기 군사영어학교 출신의 시작과 끝을 맡았다.

육군사관학교 1기생은 군사영어학교 마지막 군번 다음인 10111번부터 시작됐다. 육사 1기생들은 모두 40명이 임관했다. 육사 1기의 졸업성적 1등은 이상근(李尙根, 6·25때 전사, 육군 준장 추서)이었다. 이상근은 군사영어학교 마지막 임관자에 이어 10111번을 군번으로 부여받았다. 그런데 이상근은 바로 당시 육군사관학교 교장이던 이형근의 친동생이었다. 두 형제가 육군의 1번 군번에 이어 육군사관학교 첫 번째 군번을 차지했다.

이상근은 6·25전쟁 중 대령계급을 달고 수도사단 참모장으로 있었는데, 인천상륙작전 후 낙동강 전선에서 북진을 위해 정찰을 나왔다가 경북 청송 지역에서 안타깝게 전사했다. 이상근은 이후 육군 준장에 추서됐다.

6·25전쟁이 터지고 육군 초급장교들의 수요가 급증하게 되자, 국방부는 육군종합학교와 육군보병학교를 통해 장교들을 대량으로 배출하기 시작했다. 이들이 바로 종합학교 출신과 갑종장교 출신들이다. 이들 장교의 군번은 20만 단위로 시작했다. 휴전 후 육군3사관학교가 세워지면서 이들 장교들은 50만 단위의 군번을 부여받게 됐다. ROTC장교들은 임관연도 뒤에 성적순으로 군번을 부여했다.

창군 초기 육군 군번은 연대별로 부여

창군 초기 육군의 사병 군번은 기본번호를 1백만 단위로 정했다. 여기에 연대를 구분하기 위해 1백만 단위 기본번호에 각 연대는 10만 단위 머리 숫자에 10단위를 더한 연대 숫자를 표시하여 숫자 1부터 시작했다. 그럴 경우 1연대의 군번 1번은 1100001이었고, 2연대의 군번 1번은 1200001이었다. 이때 군번 부여는 입대 순이었다. 육군 사병의 군번 1번은 6·25전쟁 때 춘천전투와 동락리 전투에서 6사단 7연대장으로 용맹을 떨쳤던 임부택(林富澤, 육군 소장 예편) 장군이었고, 2번은 육군헌병감을 지낸 공국진(孔國鎭, 육군 준장 예편, 육군헌병감 역임) 장군이었다. 이 두 사람은 육사 1기와 육사 2기로 들어와 장교가 됐다. 이후 육군 사병 군번에서 연대 구분을 없앴다.

해군 장교는 8만 단위…공군은 5만 단위

해군 장교는 군번 부여를 8만 단위, 즉 80001번부터 시작하고 있다. 이는 해군의 전신인 해방병단(海防兵團) 출신부터 부여하여 오늘에 이르고 있다. 최초 해군 사병 군번은 8백10만 단위, 즉 8100001번부터 시작했으나, 얼마 후 811만 단위로 조정했다가 다시 510만 단위로 조정했다. 이때가 6·25전쟁 바로 직전이었다.

해병대의 장교 군번은 해군 장교 군번을 그대로 사용했다. 하지만 해병대 사병 군번은 해병대가 창설될 때 910만 단위, 즉 9100001번부터 시작했다. 그때가 1949년 4월 5일이었다. 공군은 장교 군번 부여를 5만 단위, 즉 50001번부터 시작했다. 공군 장교 군번은 항공사관후보생 1기부터 적용했다. 공군 사병 군번은 32만 단위, 즉 320001번부터 시작하고 있다.

2014년 이후…각 군의 군번 체계 개선

육·해·공군의 각 군은 군번에 대한 불필요한 선입견을 없애고 개인의 사생활을 보호하는 차원에서 군번 부여체계를 개선했다.

육군의 경우 2017년부터 간부 군번은 종전 '임관성적'순에서 성명 '가나다…'순으로, 병사는 입영 일자·성명·생년월일 순으로 바뀌었다. 해군은 2014년부터 성명 '가나다…'순으로 바뀌었다. 해병대도 마찬가지다. 공군은 간부들의 경우, 임관 일자와 임관성적순에 따라 군번을 부여한다. 병사들은 입영 일자, 성명 '가나다…'순이다. 동명이인(同名異人)일 경우에는 생년월일 순으로 한다.

대한민국 군인들…다 잊어도 군번만은 잊지 않는다

대한민국 군인들에게 군번은 바로 자신이 군인이었음을 입증해 주는 확실한 증표이다. 그런 점에서 군대를 다녀온 대한민국 남자들은 "다른 것은 다 잊어도 군번만은 결코 잊을 수 없다"고 한다. 세상에 태어나 가장 많이 외쳤던 것이 바로 군번이다. 거기에는 군대의 희노애락도 담겨있다. 오늘도 전후방의 대한민국 군인들은 군번이 새겨진 인식표를 목에 걸고 국토방위에 전념하고 있다. 마치 그들의 수호신처럼. 그들의 무운장구(武運長久)를 빈다.

6. 대한민국 국군과 무공훈장 제도

호국영웅 가슴의 별…무공 치하하고 명예 드높이다

대한민국 무공훈장은 전시 또는 비상사태하에서 국가를 위해 혁혁한 무공(武功)을 세운 최고의 무인(武人)들에게 수여하는 대한민국 최고의 상이다. 대한민국 무공훈장에는 모두 다섯 등급이 있다. 태극(太極)무공훈장, 을지(乙支)무공훈장, 충무(忠武)무공훈장, 화랑(花郞)무공훈장, 인헌(仁憲)무공훈장이 그것이다. 대한민국 무공훈장의 명칭에는 대한민국을 상징하고 국가위기 시 나라를 수호한 역사적 인물 및 호국 단체들과 깊은 관련성이 있다.

대한민국 무공훈장은 5등급으로 되어 있다. 왼쪽부터 태극·을지·충무·화랑·인헌무공훈장

역사적 인물…호국 단체와 관련된 명칭

주월한국군사령관 채명신(왼쪽) 장군이 맹호부대 장병들에게 무공훈장을 수여하고 있다(1969년)

태극무공훈장은 대한민국 최고의 무공훈장으로 태극은 바로 대한민국을 상징한다. 을지무공훈장은 두 번째 무공훈장으로 을지(乙支)는 수나라를 대파한 고구려의 장수 을지문덕(乙支文德)을 장군을 뜻한다. 충무공훈장은 세 번째 등급의 무공훈장으로 충무는 임진왜란 때 나라를 구한 조선의 명장(名將) 충무공 이순신(李舜臣) 장군을 의미한다. 화랑무공훈장은 네 번째 등급의 무공훈장으로 화랑은 3국 통일의 원동력이 된 신라 화랑(花郎)을 상징한다. 인헌무공훈장은 다섯 번째 등급의 무공훈장으로 인헌(仁憲)은 고려 시대 거란을 무찌른 인헌공(仁憲公) 강감찬(姜邯贊) 장군을 나타낸다.

대한민국 무공훈장에는 우리나라 5천 년 역사에서 각 시대별, 각 왕조(王朝)별로 나라를 구한 명장들과 통일의 주역들을 나타내고 있다. 고구려

살수대첩의 명장 을지문덕 장군으로부터 고려 귀주대첩의 명장 강감찬 장군, 조선 임진왜란의 영웅 이순신 장군, 3국 통일의 주역인 신라 화랑의 나라 사랑 정신을 본받으라는 의미가 무공훈장에 담겨 있다. 그리고 그런 명장들의 호국정신을 이어받아 대한민국의 국권(國權)을 수호하라는 의미에서 최고의 무공훈장을 대한민국의 상징인 태극무공훈장으로 하고 있음을 알 수 있다.

6·25전쟁 이전 '임시훈장 제도'

대한민국 국군에게 무공훈장은 국가가 수여하는 최고의 영예(榮譽)이다. 그럼에도 대한민국 무공훈장은 정부 수립 이후, 또는 국군 창설 이후 바로 법적으로 제도화되지 못했다. 무공훈장은 6·25전쟁의 산물이었다. 6·25전쟁이 나서야 비로소 무공훈장 제도가 제정됐다. 물론 정부 수립 이후부터 6·25전쟁 이전까지 미흡하나마 훈장 제도가 있었다. 그렇지만 그것은 오늘날과 같은 완전한 형태를 갖춘 무공훈장 제도가 아니었다. 그야말로 임시로 운용하기 위해 제정된 '임시훈장 제도'였다.

대한민국 정부 수립 이후부터 6·25전쟁 이전까지 국방부는 임시훈장 제도를 제정하여 시행했다. 거기에는 특별한 이유가 있었다. 정부 수립 이후 일어난 38도선에서의 충돌, 군내 반란, 각종 폭동 및 소요사건, 공비들을 토벌하는 과정에서 공훈(功勳)을 세운 유공자들에게 표창을 할 필요성이 생겼다. 그래서 부랴부랴 국방부령(國防部令)으로 만들어 낸 것이 바로 임시훈장 제도였다. 그때가 1949년 7월 15일이었다. 6·25전쟁이 발발하기 약 1년 전의 상황이었다.

국방부가 임시훈장 제도를 채택할 수밖에 없었던 것은 정부 수립 이후 훈장을 수여할 법적 근거가 될 무공훈장령이나 상훈법(賞勳法)이 아직 제정되지 않았기 때문이다. 그때는 나라를 새로 정비하고 군대의 기초를 세우기에도 바쁠 때였다. 국방부로서는 군대의 조직과 편성, 무기와 장비의 도입, 38도선 경비, 제대별 훈련 등 당장 해야 될 일들이 산더미처럼 쌓여있었다. 그러다 보니 무공훈장령(武功勳章令)이나 상훈법 등은 자연히 우선순위에서 밀려났다.

하지만 훈장을 수여할 상황이 발생하자, 국방부에서는 임시조치의 일환으로 국방부령에 의해 '임시훈장 5종(種)'을 잠정적으로 마련하여 유공자들에게 표창했다. 그때 제정된 임시훈장에는 모두 5종류가 있었다. 그중 무공훈장에 해당하는 것은 두 종류였는데, 1등급인 전공장(戰功章)과 2등급인 무공발훈장(武功拔勳章)이었다. 그리고 전투에 참가한 자로서 부상당한 군인에게 수여하는 상이장(傷痍章)이 있었다. 여기에는 특별상이장(特別傷痍章)과 육군상이장(陸軍傷痍章)이 있었다.

그밖에 공비토벌(共匪討伐) 작전에 참가한 군인에게 수여하는 기념장(記念章)인 공비토벌기장(記章)이 있었다. 이후 정부에서는 각종 기장을 제정하여 수여했다. 그중 대표적인 것으로 6·25사변종군기장, 공비토벌기장, 월남참전기장, 상이기장, 군인유족기장, 건군10주년기념기장, 건국20주년기장 등이 있다.

6·25전쟁 발발하자 '무공훈장령' 제정

6·25전쟁은 무장훈장을 절실히 필요로 했다. 6·25전쟁이 발발하자 정부에서는 전공을 세운 국군과 유엔군에게 무공훈장을 수여할 필요성을 절감하게 됐다. 이에 정부에서는 대통령령 제385호로 '무공훈장령(武功勳章令)'을 급히 제정하여 시행하게 됐다. 그때가 1950년 10월 18일이었다. 6·25전쟁이 나고 4개월 뒤에 비로소 무공훈장 제도를 마련했다.

그 당시 대통령령으로 제정된 무공훈장은 4등급이었다. 1등무공훈장, 2등무공훈장, 3등무공훈장, 4등무공훈장이다. 당시 무공훈장은 전공에 따라 1등, 2등, 3등, 4등 순으로 매겼다. 명칭도 없었다. 그러다 1951년 8월 10일 무공훈장에 상징성 있는 명칭을 부여했다.

1등무공훈장은 태극무공훈장으로, 2등무공훈장은 을지무공훈장으로, 3등무공훈장은 충무무공훈장으로, 4등무공훈장은 화랑무공훈장으로 바뀌었다. 그때에도 인헌무공훈장은 없었다. 5등급인 인헌무공훈장은 1963년 12월 14일 법률 제1519호에 의해 상훈법이 제정됨에 따라 새로 마련됐다. 그렇게 보면 우리나라 무공훈장 제도는 6·25전쟁이 끝난 10년 후인 1963년에 완성됐다.

보국훈장과 무공포장·보국포장 제도

그때 제정된 상훈법에 따라 무공훈장 제도 외에도 보국훈장 제도를 새로 마련하여 국가안전 보장에 뚜렷한 공을 세운 사람들에게 영전(榮典)을 부여했다. 보국훈장은 다섯 등급으로, 통일장·국선장·천수장·삼일장·광복장이다.

보국훈장의 최초 명칭은 근무공로 훈장이었으나, 1970년 현재의 명칭으로 변경됐다. 정부에서는 훈장 외에도 훈장보다 훈격(勳格)이 낮은 무공포장과 보국포장(褒章) 제도를 제정하여 시행하고 있다.

민족의 성웅처럼 애국심과 용기 발휘

대한민국 정부에서는 무공훈장과 보국훈장 그리고 포장제도를 마련하여 위국헌신(爲國獻身)한 군인들에게 그들이 세운 무공(武功)을 치하하고, 그들의 명예를 드높이고 있다. 마치 각 시대별 민족의 성웅이자 영웅들인 충무공 이순신 장군을 비롯하여 을지문덕 장군, 강감찬 장군, 신라의 화랑들이 국가와 민족을 위해 과감히 목숨을 바쳤듯이, 대한민국 군인들도 국가 위기 시 그런 애국심과 군인으로서 용기를 발휘해 주기를 조국 대한민국은 바라고 있다. 그런 대한민국 국군장병들의 무운을 빌어본다.

7. 대한민국 정부 수립과 주한미군 철수

"미군 철수 전력 공백…최초의 예비군 '호국군' 탄생

1948년부터 3만 주한미군 철수 시작…그 공백 채울 예비전력 필요해져

호국군사령부 1949년 해체 후 청년방위대 출현 "20만 명 조직할 것"

중등학교 이상 대상 학도호국단 결성도…6·25전쟁 유격대 등으로 참전

대한민국에 통치권 이양

대한민국 정부가 수립되면서 8·15광복 이후 남한지역을 통치했던 미 군정(軍政) 시대도 그 끝을 보게 됐다. 1948년 8월 15일 대한민국 정부 수립이 전 세계에 공포되자 이제까지 남한을 통치했던 주한미군사령관 하지(John R. Hodge, 1893~1963, 육군 대장 예편) 중장은 2년 11개월, 1,071일간에 걸친 미 군정의 폐지를 공식 선언했다.

군정 폐지로 군정장관 딘(William F. Dean, 1899~1981) 육군소장이 군정장관에서 물러나 미7사단에 복귀하고 사단장에 취임했다. 딘 장군은 6·25전쟁이 났을 때 제일 먼저 한국전선으로 달려와 싸우다가 대전 전투 이후 실종됐다. 그러다가 북한군 포로가 되어 휴전 후 포로교환 때 돌아왔던 불운의 장군이었다.

대한민국 정부 수립으로 미 군정청과 신생 대한민국 간에는 정리할 것이 많았다. 그중에서 가장 중요한 것은 대한민국 정부에게 통치권을 이양하

는 것과 미국 군대를 철수하는 문제였다. 이를 위해 한국 정부에서는 이범석(李範奭), 윤치영(尹致英), 장택상(張澤相)을 인수대표로 선임하여 미 군정청으로부터 통치권을 원활히 인수받도록 했고, 미 군정 측에서는 헬믹(Charles G. Helmick) 미 육군 소장과 미 외교관 드럼라이트(Everett F. Drumright)를 선임하여 이 문제를 매듭지게 했다. 드럼라이트는 6·25전쟁 시 주한미대사관 참사관으로 활약하면서 대전에서

철수하는 미군들(1949년 6월 29일).

이승만 대통령에게 미국 참 전소식을 가장 먼저 알려준 인물이다.

주한미군사령관 하지 중장은 통치권 이양이 순조롭게 이뤄지자, 8월 24일 사령관직 퇴임을 밝히고, 자신의 후임으로 쿨터(John B. Coulter) 육군 소장을 임명했다. 쿨터 장군은 6·25전쟁 때 미9군단장으로 후방지역 평정작전과 중공군 개입 이후 청천강 전투에 투입되어 싸웠고, 나중에는 미8군 부사령관 직을 맡아 활약했던 장군이다. 휴전 후에는 한국의 전후복구를 위해 노력했던 장군으로 한국 정부에서는 그런 쿨터 장군의 공로를 인정해 서울 용산의 녹사평 사거리에 동상을 세웠으나, 1970년대 도시개발로 장군의 동상은 어린이대공원으로 이전됐다.

미군 전력 메울 예비전력

대한민국 정부 수립으로 당시 한국에 주둔하고 있던 3만 명의 주한미군
도 철수하게 됐다. 대한민국 입장에서는 주한미군 철수를 어떻게 해서든지
붙들어두려고 했으나, 워싱턴에서는 세계전략 차원에서 주한미군 철수를
이미 결정해 놓은 상태였다. 그렇기 때문에 미국은 대한민국 정부의 끈질
긴 설득에도 불구하고, 한반도에서의 철군(撤軍) 정책을 그대로 추진했다.
미국의 철군 정책에 따라 주한미군은 정부 수립 1개월 후인 1948년 9월 15
일부터 철수에 들어가 1949년 6월 29일까지 군사고문단 495명만 남기고
모두 떠났다. 이에 따라 군정을 위해 남한에 들어왔던 미24군단도 해체되
고, 한국에는 국군의 훈련지원을 위해 남겨둔 주한미군사고문단(KMAG)
만 존재하게 됐다. 주한미군사고문단은 1949년 7월 1일부로 발족됐다.

주한미군 철수가 기정사실화되자 정부에서는 이에 대한 방비책(防備策)
을 강구하지 않을 수 없게 됐다. 그중에서 가장 대표적인 것이 예비전력의
확보였다. 당시 정부에서는 주한미군 철수에 따른 전력상의 공백을 메우
기 위해 자체 예비전력이 필요할 것으로 판단했다. 이를 위해 이범석 국방
부 장관은 대한민국 최초의 예비군인 호국군(護國軍)을 1948년 11월 30일
창설하게 됐다. 호국군은 이름 그대로 '나라를 수호하는 군대'이다. '나라를
지키는 군대'인 국방군과 좋은 짝을 이루는 명칭이 아닐 수 없다. 호국군은
국군조직법에 근거를 두고 창설됐다. 당시 국군조직법에 따르면 국군은 정
규군과 호국군으로 편성되어 있었다.

호국군을 창설할 무렵 국방부는 호국군의 규모를 육군호국군 10만 명,
해군호국군 1만 명 수준으로 내다봤다. 호국군을 지휘·감독하기 위해 육군
본부에 호국군무실(護國軍務室, 후에 호군국으로 개칭)을, 해군본부에 호
군국(護軍局)을 설치했다. 호군국은 주한미군 철수가 완료된 직후인 1949

호국군은 주한미군 철수 후 예비전력 확보 목적으로 창설(1948년 11월 30일)

최초 징병제 실시(1949년 12월 16일)

년 7월에 5개 여단, 10개 연대로 확충됐고, 병력은 2만 명에 이르렀다. 호국군 간부 육성을 위해 호국군간부훈련소(후에 호국군사관학교로 개칭)를 서울 용산 이태원에 설치했다. 호국군의 규모가 커지자 육군본부는 1949년 4월 1일에 호군국을 해체하고, 대신 육군총참모장 직속의 호국군사령부(護國軍司令部)를 설치했다.

하지만 호국군사령부는 병역법 개정에 따라 1949년 8월 31일 해체되고, 이를 대신하여 청년방위대(靑年防衛隊)가 그 자리를 대신했다. 청년방위대는 200만 회원을 자랑하던 대한청년단을 기반으로 창설된 조직이었다. 정부에서는 당시 긴박한 국내외 정세를 감안하여 민병(民兵) 20만을 서두르던 시기였다. 그 당시 이승만 대통령은 신성모(申性模, 1891-1960) 국방부장관에게 "미국의 주방위군(National Guard)과 같은 향토방위대 20만을 조직할 것"을 지시하고 있었다. 이를 계기로 대한청년단을 근간으로 한 청년방위대가 발족됐다.

청년방위대·학도호국단 결성

국방부는 청년방위대를 지휘·감독하기 위해 육군본부에 청년방위국을, 청년방위대원과 간부들 양성을 위해 청년방위훈련학교와 청년방위간부훈련학교를 설치했다. 청년방위대는 각 시와 도에 사단급에 해당하는 방위단

(團)을, 군(郡)에는 연대급에 해당하는 방위지대(支隊)를, 면에는 대대급에 해당하는 방위편대(編隊)를, 리(里)에는 중·소대급에 해당하는 구대(區隊)와 소대(小隊)를 설치했다. 그 결과 1950년 5월에는 20개 청년방위단을 창설하고, 20만 대원을 확보하게 됐다.

이와 병행하여 정부에서는 전국 중등학교 이상의 학생을 대상으로 학도호국단(學徒護國團)을 결성했다. 학도호국단을 총괄하기 위해 중앙에 중앙학도호국단을 설치하고, 총재에 대통령이, 단장과 부단장에 문교부 장관과 차관이, 서울시와 각 도 단장은 도지사 또는 교육감이, 각 학교 단장은 대학 총장 및 학장 그리고 학교장이 맡았다. 그 결과 1949년 말까지 전국 중학교 이상 학도호국단은 947개에 달했고, 학생 숫자도 45만 명에 이르렀다.

이들은 6·25전쟁 초기 대한민국이 낙동강까지 밀리는 가장 위급한 상황을 맞아 국군에 편입되거나 유격대 또는 학도의용군으로 참전하여 조국을 수호하는 역군으로서 그 역할을 톡톡히 해냈다. 여기에는 주한미군 철수에 대비한 정부와 국방부의 선견지명이 있었기에 가능했다.

8. 강력한 반공 군대로 출범하다

"국군3대 선서로 단결, 공산주의에 대항하다"

국군3대 선서

1. 우리는 선열의 혈적(血跡)을 따라 죽음으로써 민족국가를 지키자!

2. 우리의 상관 우리의 전우를 공산당이 죽인 것을 명기(銘記)하자!

3. 우리 군인은 철석(鐵石)같이 단결하여 군기(軍紀)를 엄수하며 국군의 사명을 다하자

1945년 모스크바 3상회의, 신탁통치 결정

대한민국 수립 이후 국군은 강력한 반공 군대로 출발했다. 여기에는 한반도를 둘러싼 여러 가지 국내외 환경이 그렇게 만들었다. 일본이 항복한 이후 한반도에는 제2차 세계대전에서 승리한 연합국들의 군사적 합의에 의해 38도선이 그어졌다. 태평양전쟁 말기, 일본 본토 사수를 위해 제주도를 포함하여 한반도에 주둔하고 있던 일본군 30여만 명을 무장해제시키기 위해서 38도선을 중심으로 한 남북한에 미군과 소련군이 각각 진주했다.

일본군을 무장해제 한 다음, 그들은 연합국이 합의한 대로 한반도에 '통일한국정부'를 수립하기로 했다. 연합국들은 이 일을 한반도에 군대를 주둔시키고 있는 미국과 소련에 위임했다. 그 과정에서 연합국들은 한반도에 대해 5년간 신탁통치를 하는 걸로 결론을 내렸다. 이른바 1945년 12월 말에 소련의 모스크바에서 미국과 영국과 소련의 외무장관이 회담한 '모스크바 3상회의'였다.

한반도 신탁통치를 논의하고 있는 모스크바 3상회의 모습(1945년 12월 27일)

　한반도 비극의 발단은 여기서부터 시작됐다. 이 일로 좌우익이 극심하게 충돌하면서 국론이 분열됐기 때문이다. 항일독립운동을 했던 애국지사들은 물론이고 국내의 양식 있는 국민들도 신탁통치 발표가 나오자마자 적극 반대하며 길거리로 나섰다. 결사반대였다. 죽어도 강대국 통치를 다시 받지 않겠다는 강력한 의지가 담겨 있었다.

　하지만 어떻게 된 일인지 북한의 공산집단과 남한 내 좌익세력들은 달랐다. 처음에는 신탁통지를 결사반대한다고 했다가 얼마 되지 않아 바로 신탁통치를 지지하고 나섰다. 그들은 소련으로부터 신탁통치를 찬성하라는 지령을 받았던 것이다. 그때부터 신탁통치를 반대하는 애국 및 우익인사들과 신탁통치를 찬성하는 북한 공산집단 및 남한 내 좌익세력은 대립을 넘어 유혈 충돌까지 빚게 됐다. 이념에 의해 남북이 갈라서고, 남한 내에서도 좌우가 대립하는 극심한 혼돈의 시대가 전개됐다.

애국·우익인사 vs 공산집단·좌익세력 충돌

 이런 좌우익의 충돌은 남한에 대한민국 정부가 수립되고 북한에 공산정권이 수립되는 1948년까지 계속 이어졌다. 물론 한반도에 통일 정부 수립 임무를 부여받은 미국과 소련이 '미소공동위원회'를 운영했으나, 소련의 무성의와 억지 주장으로 인해 이마저도 결국 무산됐고, 한반도 통일문제는 결국 유엔의 손으로 넘어가게 됐다.

 유엔총회에서는 고심 끝에 한반도 문제에 대한 해결책을 내놓았다. 그때가 1947년 11월 상황이다. 이른바 "유엔 감시하의 인구비례에 의한 남북한

해방 이후 38도선을 사이에 두고 대치하고 있는 북한군과 국군

총선거를 통해 한반도에 통일 한국 정부를 수립하는 안(案)"이었다. 그러나 소련과 북한 공산집단은 이를 노골적으로 무시하며 거부하고 나섰다.

남북한 총선거를 위해 유엔에서 파견한 유엔감시단의 입북을 방해했다. 그러니 유엔이 의도했던 북한지역에 대한 유엔 감시하의 총선거를 실시할 수가 없었다. 그렇게 되어 남한에서만 1948년 5월 10일 총선거가 실시되어 대한민국이 수립되었고, 대한민국 수립과 함께 미 군정기 경비대로 시작됐던 조선경비대와 조선해안경비대가 국군으로 편입되기에 이르렀다. 그런 우여곡절을 겪으며 탄생한 대한민국은 자유민주주의와 시장경제 체제를 지향하는 헌법가치와 정신에 따라 자유민주주의 국가가 됐으나, 북한은 소련의 사주를 받은 공산집단에 의해 소련의 위성국가로 전락하게 됐다. 그 과정에서 북한 공산집단과 남한 내 좌익세력들은 남한지역마저 공산화하기 위해 갖은 책동(策動)을 다 부렸다.

대한민국은 그런 국내외의 어려운 환경을 극복하고 탄생하게 됐다. 공산세력의 끊임없는 도전과 도발에도 굴하지 않고 세워진 나라가 바로 대한민국이었다. 대한민국은 수립된 후에도 이러한 북한과 소련 등 국제공산주의에 맞서기 위해 미국을 비롯한 자유 우방 국가와의 연합국방을 통해 국민의 생명과 국체(國體)를 보존하고자 노력했다. 이른바 자유 진영의 편에 서서 강력한 반공 국가와 반공 군대를 건설하며 맞서나갔다.

공산좌익세력 유엔 감시하의 총선거 방해

그 과정에서 공산세력의 도발은 만만치 않았다. 북한 공산집단과 남한 내 좌익세력은 대한민국이 아예 태어나지 못하도록 제주도에서 4·3사건을 일으켜 유엔 감시하의 총선거를 방해했다. 그 결과 제주도 선거구 3곳 중 2곳에서 국회의원을 뽑지 못하는 사태가 벌어졌다. 그로 인해 제헌국회가 개원했을 때 의원 총수 200명을 채우지 못하고, 198명으로 출발하게 됐다.

제주4·3사건으로 2명의 제주도 국회의원이 선출되지 못한 탓이었다. 그런 역사의 시련 속에서 대한민국 제헌국회는 헌법과 정부조직법을 제정하고, 그 법에 따라 대통령과 부통령을 선출하고, 대한민국을 이끌고 나갈 정부 각료들을 임명하게 됐다. 그리고 대한민국을 외부의 적으로부터 막아낼 국군을 창설하게 됐다. 초대 국방부 장관 이범석 장군이 말한 '나라를 지키는 군대인 국방군'이었다.

이범석 장관 주도로 사상무장 강화

그런 국방군도 출발부터 호된 시련을 겪었다. 전남 여수에 주둔하고 있던 제14연대에 침투해 있던 남로당 세력에 의한 '군대반란'이었다. 김지회(金智會)와 지창수(池昌洙, 1906-1950) 등 반란 주동자들은 "지금 북조선 인민군이 조국 통일과 남조선 해방을 위하여 38도선을 넘어 남진 중에 있다. 우리도 이에 호응하여야 한다"며 반란을 일으켰다.

이것이 바로 '여순10·19사건'이다. 이 사건을 계기로 대한민국과 국군은 강력한 반공 국가와 반공 군대로 거듭 태어나게 됐다. 정부에서는 국가보안법을 만들어 공산세력의 불순한 움직임에 대비하게 됐고, 군대에서는 이범석 국방부 장관의 주도로 '국군3대선서'를 만들어 사상무장을 강화하게 됐다.

이범석 장관은 1948년 12월 1일 여순10·19사건 진압과정에서 순직한 '전몰(戰歿)장병합동위령제'에 참석하여 공산주의에 대항하기 위한 실천 구호를 발표했다. '국군3대선서'였다. "첫째, 우리는 선열의 혈적(血跡)을 따라 죽음으로써 민족국가를 지키자. 둘째, 우리의 상관 우리의 전우를 공산당이 죽인 것을 명기(銘記)하자. 셋째, 우리 군인은 철석(鐵石)같이 단결하여

군기(軍紀)를 엄수하며 국군의 사명을 다하자"였다. 이는 국군장병이 실천해야 할 행동강령이었다.

이후 국군3대선서는 '국군3대맹서'로 발전했다. "첫째, 우리는 대한민국 국군이다. 둘째, 우리는 강철같이 단결하여 공산침략자를 쳐 부시자. 셋째, 우리는 백두산 영봉(靈峰)에 태극기 날리고 두만강 수(水)에 전승(戰勝)의 칼을 씻자." 그런 점에서 대한민국 국군은 그 태생적 뿌리부터 공산 침략자를 무찌르는 반공 군대임을 부인할 수 없을 것이다.

9. 애치슨의 미 극동방위선 발표와 대한민국 안보

"한국 제외한 애치슨 선언…6·25전쟁 불씨 되다"

애치슨 미 국무장관 한국·대만 제외한 극동방위선 발표

미국, 대만 포기정책 달리 "한국은 유엔 해결"오해 풀어

스탈린·김일성·마오쩌둥 "남침해도 좋다" 청신호로 판단

발표 5개월 후 전쟁 발발…한반도 전쟁 결정적 요인으로

전국기자클럽에서 '극동방위선'을 발표하고 있는 애치슨 국무장관(1950년 1월 12일)

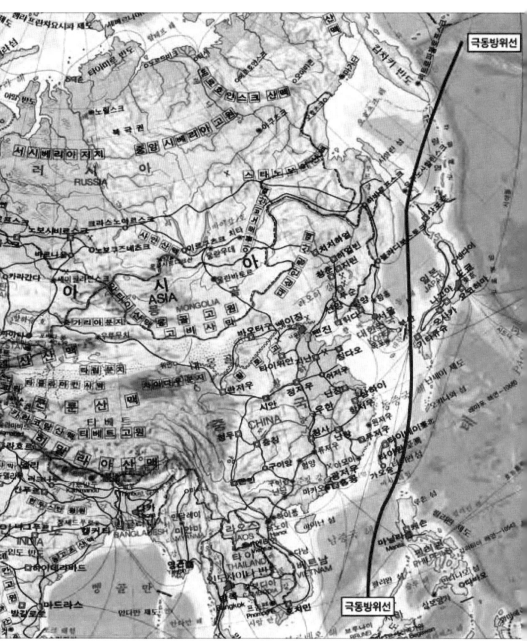

애치슨 미 국무장관이 발표한 미 극동방위선(일명 '애치슨 라인') 요도

미 국무장관 애치슨(Dean G. Acheson, 1893-1971)이 태평양지역에서 미국의 방위선을 뜻하는 극동방위선을 전격 발표했다. 그때가 1950년 1월 12일이었다. 6·25전쟁은 그로부터 정확히 5개월 후에 터졌다. 애치슨은 전연 그런 의도가 없었지만, 그 당시 남침을 모의하고 있던 소련의 스탈린(Iosif V. Stalin, 1879-1953)과 북한의 김일성(金日成, 1912-1994) 그리고 중국의 마오쩌둥(毛澤東, 1893-1976)이 애치슨 연설을 "남침을 해도 좋다"는 '청신호(green light)'로 받아들였다.

방위선에 포함되지 않은 한국과 대만

애치슨 국무장관은 전국기자클럽(National Press Club)에서 "태평양지역에서 미국의 방위를 위해 설정한 방위선으로는 알류산 열도로부터 일본 본토, 오키나와, 필리핀에 이른다"고 발표했다. 애치슨이 발표한 미 극동방위선에 따르면 신생 대한민국과 장제스(蔣介石, 1887-1975)가 이끈 대만(臺灣)은 이 선에 포함되지 않았다. 애치슨은 이 선에 포함되지 않은 국가는 외부의 공격을 받으면 자국이 1차적 책임을 지고 막아내야 한다고 했다.

주미대사관 확인, "1차 자력 방어 후엔 유엔 해결"

애치슨 발표를 듣고 갓 태어난 대한민국 정부와 최근 대만으로 쫓겨 간 장제스의 국민당 정부는 진의(眞意) 파악에 들어갔다. 한국 정부는 즉각 주미대사관을 통해 오해를 풀었다. 미 국무부의 해명에 따르면 대한민국은 문제 될 것이 없었다.

한국의 경우 1차적으로 외부의 침략을 받으면 자력으로 막아내야 하지만, 그 이후에는 유엔이 해결해 준다는 것이었다. 한국 정부의 입장에서는 이를 다행스럽게 여겼다. 크게 우려했던 오해가 풀린 셈이다.

미국, "대만은 중국 것" 포기정책 선언

하지만 장제스 정부의 대만은 그렇지 못했다. 불과 1개월 전인 1949년 12월에 중국 대륙을 공산당에 빼앗기고 대만으로 쫓겨 난 장제스의 국민당 정부 입장에서는 상황이 심각했다. 이는 결과적으로 대만에 대한 미국의 포기선언이었다. 1주일 전에도 미국의 트루먼(Harry S. Truman, 1884-1972) 대통령이 직접 나서서 "대만은 중국의 것이며 미국은 여기에 개입하지 않겠다"는 요지의 대만 포기정책을 선언했기 때문이다. 연달아 미국으로부터 버림받는 꼴이 됐다.

장제스는 이때가 가장 절망적이었을 것이다. 어쩌면 장제스 생애의 최대의 정치적 위기였던 1936년 서안(西安)사건 때보다 더 위협적이었다. 공산당 토벌을 독촉하기 위해 서안을 방문한 장제스는 오히려 부하였던 장쉐량(張學良, 1898-2001)에게 감금되어 앞날을 예측할 수 없게 된 것이 '서안사건'이다.

장제스는 그때보다 더 희망이 없어 보였다. 광활한 중국 대륙을 빼앗기고 미국으로부터 버림받은 장제스 정부가 살아날 가망은 거의 없어 보였다. 중국 대륙을 석권한 마오쩌둥이 마음만 먹으면 언제든지 대만을 취할 수 있었기 때문이다. 대만은 '도마 위의 생선 신세'가 됐다. 마오쩌둥도 그것을 잘 알고 대만에 대한 침공 시기만 저울질하고 있었다. 그런 점에서 애치슨 국무장관의 미 극동방위선 발표는 "장제스 정부에게 대만을 확실히 포기한다는 미국의 정책을 확인시켜 준 것"이나 다름없었다.

남침 기회 엿보던 소련·중국·북한

그런데 애치슨의 미 극동방위선 발표의 불꽃은 엉뚱한 데로 진행되고 있었다. 그것은 대만이 아니라 오히려 대한민국을 향해 다가오고 있었다. 한국 정부 입장에서는 미국의 진의를 파악했기 때문에 그대로 믿고 있었는데, 남침의 기회를 엿보고 있던 스탈린과 김일성 그리고 마오쩌둥은 그렇지 않았다. 애치슨 발표 이후 그들의 남침을 위한 행보가 점점 더 빨라지고 있었다.

대한민국 정부 수립 이후 남침을 통한 한반도 공산화를 획책하고 있던 스탈린이나 김일성의 입장에서 애치슨이 발표한 극동방위선에서 대한민국이 제외된 것은 그들에게 남침의 좋은 기회로 작용했다. 이전까지 남침의 기회를 노리고 있던 스탈린과 김일성에게 최대 걸림돌은 미국의 개입이었다.

그런데 애치슨 발표로 일이 예상외로 쉽게 잘 풀리게 됐다. 1949년 6월 주한미군 전투병력이 완전히 철수한 데 이어, 미국 스스로 극동방위선에서 한국을 제외하겠다고 발표했으니 말이다. 스탈린과 김일성은 이제 미국이 한국을 완전히 버렸다고 판단했다. 그렇지 않고서는 미 국무장관이 그런 발표를 할 리가 만무하다는 것이다.

무기·병사를 지원한 스탈린·마오쩌둥

스탈린은 즉시 김일성에게 남침을 해도 좋다는 반응을 보였다. 대신 중국 마오쩌둥의 동의를 반드시 얻으라고 했다. 아시아 문제는 아시안들 끼리 해결하라는 의미였다. 남침을 해도 이제 미국이 개입할 일은 없을 것이라며 자신했다. 그리고 모스크바로 김일성을 불러 구체적인 남침계획을 모의했다. 3단계 남침전략으로 신속히 전쟁을 끝내라며 '정치적 훈수'까지 뒀다. 이때 같이 갔던 북한 부수상 겸 외상(外相) 박헌영(朴憲永, 1900-1955)은 북한군이 38도선을 넘으면 남한에서 20만이 봉기할 것이라고 했다. 그 말을 들은 스탈린은 매우 흡족해했다. 스탈린은 북한에게 남침에 필요한 현대식 무기와 장비를 지원했다. 물론 공짜는 아니었다. 품질이 좋은 북한

산 금과 은으로 교환하는 현물결제 방식을 취했다. 중국은 국공내전에서 단련된 한인(韓人) 병사들을 대거 북한군으로 편입시켜줬다.

모스크바에서 스탈린으로부터 남침해도 좋다는 승인을 받은 김일성은 베이징으로 달려갔다. 마오쩌둥의 동의를 얻기 위해서다. 마오쩌둥은 "저 조그마한 땅덩어리를 위해 미국이 개입하지 않을 것이다"라고 하면서, 그럼에도 "미국이 전쟁에 개입하면 기꺼이 군대를 보내 도와주겠다"며 큰소리쳤다.

외교·안보 책임자 언행의 중요성

이 일련의 모든 일들이 애치슨 국무장관이 극동방위선에서 한국이 제외됐다고 발표한 직후에 일어난 것들이었다. 그런 점에서 애치슨의 미 극동방위선 발표는 그 의도가 무엇이었든 간에 한반도에서 전쟁을 불러일으키는 결정적 요인으로 작용했음에 틀림없다.

여기서 커다란 교훈을 얻을 수 있다. 동서고금을 막론하고 외교와 국정을 책임진 사람은 언행에 조심할 필요가 있다는 것이다. 특히 국가의 운명을 좌우하는 안보에 관한 문제라면 더욱더 신중할 필요가 있다.

애치슨 선언은 그런 점에서 '역사의 경종(警鐘)'으로 그 울림이 매우 크다고 할 수 있겠다. 전쟁은 늘 예기치 않은 상황에서 곧잘 벌어지기 때문이다.

2

6·25전쟁과 한미연합군의 역할

1. 북한의 29일 승리계획 vs 한미 연합국방

"결코 질 수 없는 북한군의 절대 우위 전력"
병력은 북한 20만에 국군 10만
사단은 북한 10개 사단에 국군 8개 사단
전차는 북한 242대에 국군 0대
항공기는 북한 226대에 국군 22대

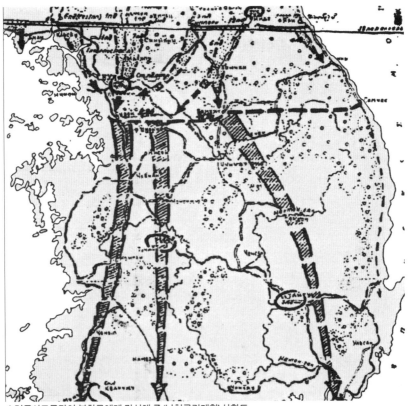

소련군사고문단이 북한군에게 작성해 준 '남침공격계획' 상황도

북한군 전력 vs 국군 전력

6·25전쟁은 북한의 남침으로 시작됐다. 전쟁을 일으킬 때 북한은 승리에 대해 자신감이 있었다. 전력 면에서 국군을 압도하고도 남음이 있었기 때문이다. 병력에서는 20만의 북한군이 10만인 국군의 딱 두 배였다.

사단 수로는 국군의 8개 사단에 비해 북한군은 10개 전투사단에 1개 전차여단이 있었다. 국군이 전방 4개 사단에만 1개 포병대대를 보유한 것에 비해 북한군의 모든 사단에는 4개 포병대대가 있었다. 여기에 북한군에는 중국의 항일전과 국공내전(國共內戰)에서 단련된 한인(韓人) 병사 5~6만 명이 편입된 상태였다. 격심한 전력 차이였다.

거기다 북한은 소련제 현대식 무기와 장비로 무장했다. 국군에게 단 1대도 없는 전차가 242대나 있었고, 항공 전력도 연습기와 연락기밖에 없는 국군에 비해 전투기를 비롯하여 각종 항공기를 북한은 226대나 보유하고 있었다.

서울 시내로 진입한 북한군 탱크(1950년 6월)

지상전의 꽃이라고 할 수 있는 포병 화력도 사거리가 짧은 국군의 105밀리 91문에 비해 북한은 자주포 등으로 무장한 각종 대포 748문을 보유하고 있었다. 여기에 기동력이 뛰어난 2인승 모터싸이클 540대가 있었다. 이는 도로가 좁은 한반도의 굴곡진 산악지형에서 기동전(機動戰)을 감행하겠다는 의도였다. 북한군 전력은 국군을 압도했다. 북한은 그것을 믿고 남침을 감행했다. 승산이 있다고 믿었다.

소련군사고문단이 작성한 북한의 29일 승전계획

　북한은 우세한 전력을 앞세워 '승전(勝戰)계획'을 짰다. '29일 만에 전쟁을 끝낸다'는 것이었다. 전략의 핵심은 미국이 참전하기 전에 전쟁을 끝낸다는 것이었다. 남침계획에 참여했던 소련 전략가들은 미 본토의 미군이 병력과 물자를 싣고 한반도에 도달하는데 배로 1개월에서 1개월 반이 소요될 것으로 판단했다.

한강 철교를 넘어오는 북한군

미군의 참전을 막으려면 1개월 이내에 전쟁을 끝내야 했다. 그래서 '29일 전쟁계획'이 나왔다. 전쟁 개시일로부터 29일 만에 전쟁을 끝낸다는 개념이다. 최종목표는 부산이었다. 얼핏 보면 무모한 계획처럼 보였다.

하지만 북한의 전력상 충분히 가능했다. 북한의 남침계획은 2차대전 시 독소전(獨蘇戰)에 참전했던 소련의 유능한 군사전략가들이 스탈린의 지시를 받고 평양에 와서 수립했다. 그들은 러시아로 된 한반도 지도를 펴놓고 남침계획을 수립했다. 광활한 유럽에서 히틀러의 독일군과 싸웠던 소련군 사고문단에게 한반도는 협소했다. 그들은 작전지역의 거리부터 따졌다. 당시 남북한 국경선 역할을 했던 38도선으로부터 한반도 남단까지는 350km였다. 그들은 이를 3단계로 나눴다. 전쟁 모의 과정에서 스탈린이 김일성에게 훈수했던 남침3단계전략이었다.

1단계 작전(5일), 38도선~수원(90km)

소련군사고문단은 1단계로 38도선에서 수원 이남까지의 90km를 전쟁 개시일로부터 5일 만에 점령하도록 했다. 그 과정에서 수도 서울은 2일 만에 점령하게 했다.

이를 위해 북한군은 춘천을 점령한 후 모터싸이클 부대를 투입하여 수원 이남으로 우회시켜 국군의 퇴로를 차단시킨 상태에서, 서울 북쪽에서 전차여단을 앞세운 북한군 정예사단을 투입하여 한강 이북의 국군 주력을 남북 양쪽에서 협공하여 섬멸한다는 것이었다.

당시 수도권에는 국군 8개 사단 중 4개 사단이 있었다. 속전속결에 의한 섬멸 작전이었다. 그때 남한에서 20만의 남로당들이 '인민봉기'를 일으키면 전쟁은 훨씬 빨리 끝날 것으로 여겼다. 그들은 1단계 작전에서 국군을 회복불능의 상태로 만들 계획이었다.

2단계 작전(14일), 수원 이남~군산·대구·포항 선(180km)

소련군사고문단이 수립한 2단계작전은 수원 이남에서 군산-대구-포항에 이르는 180km를 14일 만에 점령하도록 했다. 이때 북한군이 상대할 국군은 후방에 남은 3개 사단뿐이었다.

그런데 국군의 후방사단에는 포병부대가 없었다. 그렇기 때문에 전차를 앞세운 북한군의 상대가 될 수 없었다. 북한군은 2단계 작전을 쉽게 달성할 수 있다고 봤다. 그렇게 되면 전쟁은 이미 끝난 거나 다름없었다.

3단계 작전(10일), 군산·대구·포항 선~남해안 선(80km)

북한의 3단계 작전은 군산-대구-포항에 이르는 선에서 한반도의 남단인 남해안까지의 80km를 10일 만에 평정하려고 했다. 여기에는 최종목표인 부산이 포함됐다. 이때 국군은 조직적인 저항을 하지 못하고, 기껏해야 패잔병에 의한 소규모의 저항이 있을 것으로 판단했다.

소련군사고문단의 수립한 3단계작전은 완벽했다. 흠잡을 데가 거의 없었다. 러시아어로 작성된 남침공격계획은 소련 2세들로 구성된 북한군 장교들에 의해 번역된 후, 북한군에 하달됐다. 하지만 전쟁 실행과정에서 문제가 발생했다. 그것은 남침계획을 북한군 수뇌부가 제대로 이해하지 못했기 때문이다. 북한군 수뇌부는 과거 중대급 이하의 소규모 게릴라부대만을 지휘한 경험밖에 없었다. 그것도 비정규전이었다. 사단급 이상의 대규모 정규작전을 지휘한 경험이 없었다.

그러다 보니 각 군 간의 합동작전은 고사하고, 제병과(諸兵科)에 따른 협동작전에서도 지휘상의 미숙함이 드러났다. 이는 전쟁 초기부터 지휘계통의 혼선을 불러왔다.

국군의 감투정신과 연합국방으로 대한민국 수호

이때 국군도 한몫했다. 국군장병은 전황이 아무리 나빠도 적에게 투항하지 않고 끝까지 싸웠다. 감투정신이 투철했다. 위협적인 적 전차에 대해서도 물러서지 않고 화염병과 수류탄으로 맞섰다. 몸을 던져 싸우는 육탄전이었다. 그 과정에서 기적 같은 일이 벌어졌다. 최초 춘천을 점령한 후 수원 이남으로 진출하여 한강 이북의 국군 주력의 퇴로를 차단한 후 섬멸하려고 했던 북한군의 야심찬 계획도 국군 6사단과 춘천시민의 끈질긴 항전(抗戰)으로 무산됐다.

그뿐만이 아니었다. 전쟁당일 대한민국 후방을 노리고 600명의 무장게릴라를 태워 부산 근해까지 내려왔던 북한해군의 1천톤급 대형수송선이 해

전선에서 용전분투하고 있는 국군 용사들

군의 백두산함에 포착되어 격침됐다. 거기다 전쟁 초기 여의도비행기지와 김포비행장을 습격하며 서울시민을 불안케 했던 북한공군도 미 극동군사령관 맥아더의 지시를 받은 미 공군의 집중 공격을 받고 무력화됐다.

이로써 북한은 전쟁 모의과정에서 그토록 두려워했던 미국과 유엔군이 참전할 시간적 여유를 주게 됐다. 이로 인해 전쟁은 북한과 소련이 전혀 예상치 못한 방향으로 전개됐다. 바로 미국과 유엔군의 참전이었다. 그것은 대한민국에게는 행운이었고, 북한에게는 최악의 상황이었다. 그 결과 국군은 대한민국 첫 국방 기조였던 연합국방에 의해 자유민주주의 체제의 조국을 수호할 수 있게 됐다.

2. 6·25전쟁 시 육·해·공군 및 해병대의 활약

전차 한 대 없던 국군…그러나 물러서지 않았다

대한민국 국군은 6·25전쟁 시 북한의 공산 침략을 물리치고 자유민주주의 체제의 대한민국을 수호했다. 6·25전쟁은 북한의 기습남침으로 시작됐다. 소련과 중국의 지원을 받은 북한은 전쟁에서 충분히 이길 수 있는 준비를 갖춘 뒤 전쟁을 일으켰다. 전쟁은 소련군사고문단이 작성해 준 남침공격계획대로 움직였다. 29일 만에 전쟁을 끝낸다는 계획이었다. 이를 위해 소련이 제공해 준 242대의 전차와 226대의 전투기를 비롯한 각종 항공기, 그리고 박격포를 포함해 2천여 문에 달하는 각종 화포를 투입했다.

북한, 소련 전차전투기 수백대 투입

전투병력은 2배가 넘었다. 여기에 중공군 내 한인(韓人) 병사 5-6만 명이 포함됐다. 거기다 북한군은 사단기동훈련까지 마쳤다. 완벽한 전쟁 준비였다.

대한민국 국군은 1950년 6월 25일 기습공격을 받았다. 일요일 새벽이었다. 현대전 수행에 필수적인 전차와 전투기 한 대도 갖추지 못한 국군의 전력은 북한군의 상대가 되지 못했다. 그런데 막상 전투가 시작된 후 상황은 달랐다. 전혀 예상치 않은 국군의 맹활약에 북한군이 당황했다. 전차를 앞세운 북한군의 공격에 국군은 물러났다가 다시 전열을 정비한 후 싸우기를 반복했다. 그 과정에서 밀려나긴 했지만 결코 투항하지 않았다.

6·25전쟁 시 동해상에서 해상작전을 수행하고 있는 대한민국 해군

북한군 T-34전차에 대해서는 수류탄을 들고 전차 위로 올라가 공격하거나, 수류탄과 박격포탄을 묶어 만든 '급조폭탄'을 들고 전차 밑으로 들어가 장렬히 전사했다. 국군의 그런 행동에 북한군은 주춤했다. 국군의 그런 활약상은 전선의 곳곳에서 일어났다.

해군, 대한해협서 백두산함 첫 승리

국군의 활약은 바다에서도 이뤄졌다. 6·25전쟁 시 북한의 최종목표는 부산이었다. 부산 점령 후 북한은 광복 5주년 기념행사를 서울에서 개최하려고 했다. 이른바 공산 통일을 완수하는 '적화통일(赤化統一)' 축하 행사였다.

이를 위해 특수훈련을 받은 600명의 게릴라를 전쟁 당일 동해상으로 침투시켰다. 1천톤급의 무장수송선에 게릴라를 잔뜩 태우고 부산으로 향하는 도중 대한해협에서 대한민국 해군의 유일한 전투함인 백두산함에 의해 격침됐다.

대한민국 해군의 자랑스러운 첫 승리였다. 그 전공으로 함장 최용남(崔龍男, 해군 소장 예편) 중령이 태극무공훈장을 받았다. 그때 부산이 점령됐다면 전쟁은 북한의 승리로 훨씬 빨리 끝났을 것이다.

육군, 수류탄 안고 전차 공격 등 투혼

대한민국 해군에 이어 육군도 용맹을 과시하며 국토수호에 앞장섰다. 북한은 서울을 조기에 점령하고도 전쟁을 승리로 연결 짓지 못했다. 그것은 수도권에서 싸우고 있는 국군 주력의 퇴로를 차단하여 섬멸하는 데 실패했기 때문이다. 북한군은 국군6사단이 맡고 있던 춘천을 전쟁 당일 점령 후, 홍천을 통해 모터싸이클 540대로 편성된 603모터싸이클 부대를 한강 이남으로 신속히 진출해 국군 퇴로를 차단하려고 했다. 하지만 국군6사단은 춘천을 공격한 북한군2사단을 6월 27일까지 묶어 놓음으로써 그들의 계획을 무산시켰다. 그 과정에서 심일(沈鎰, 1923-1951) 중위는 특공대를 조직하여 적 자주포를 파괴함으로써 위관장교 최초로 태극무공훈장을 받았다. 춘천전투의 승리에는 국군6사단을 비롯해 춘천시민과 학생 그리고 관공서들의 자발적인 협조와 도움이 컸다.

서울을 빼앗긴 육군 수뇌부는 시흥지구전투사령부를 설치하고 한강 이남에 긴급 방어진지를 구축하고 북한군의 한강 도강을 저지했다. 당시 미군사고문단은 미군이 들어올 수 있도록 3일간만 버텨주도록 요구했다.

그런데 국군은 6일 동안 막아냄으로써 미 지상군이 들어올 시간을 벌게됐다. 이 전공으로 시흥지구 전투사령관 김홍일(金弘壹, 육군 중장 예편) 소장이 태극무공훈장을 받았다. 미 지상군 참전은 미 극동군 사령관 맥아더 원수의 도움에 힘입었다. 맥아더는 한강 방어선을 시찰한 후 미 지상군 투입을 워싱턴에 건의했고, 트루먼 대통령이 이를 승인했다.

그때 유엔안전보장이사회에서는 북한의 침략전쟁을 규탄하고 대한민국

전선에서 돌격하고 있는 육군 용사들

을 돕도록 결의했다. 유엔회원국의 군대 파병이었다. 이에 따라 미군을 비롯한 유엔회원국들이 한국에 군대를 파병했다. 이로써 6·25전쟁은 '유엔의 전쟁'으로 확대됐다.

공군, F-51전투기 도입 후 낙동강방어·북진작전서 맹활약

6·25전쟁 발발 당시 전투기 한 대도 없었던 대한민국 공군도 전쟁을 통해 새롭게 변신했다. 그것은 전투기 도입이었다. 전쟁 초기 북한군 전차는 위협적이었다. 이승만 대통령은 적 전차를 막아내는데 가장 효과적인 무기가 전투기라는 말을 듣고 미 극동군사령부에 전투기 지원을 요청했다.

맥아더 장군은 F-51전투기 10대를 한국공군에 제공하기로 결정했다. 이에 한국공군에서는 10명의 조종사를 선발하여 일본의 이타즈케 미공군기지로 보냈다. 미 공군은 기상악화로 이들 10명의 조종사에게 각자 약 30분만 훈련한 후 대구 동촌비행장으로 보냈다.

이때부터 대한민국 공군의 전투기 시대가 열렸다. 대한민국 공군은 이들

대한민국 영공을 수호하고 있는 한국 공군의 편대 비행

전투기를 몰고 지연 작전을 거쳐 낙동강과 북진 작전 그리고 고지 쟁탈전 시 맹활약을 하며 조국의 영공방위에 힘썼다.

해병대, 북한군 부산진출 저지

미군과 유엔군의 참전에도 전선은 계속 낙동강으로 밀렸다. 낙동강 전선에서는 치열한 전투가 연일 벌어졌다. 미군에서는 해외에 한국의 망명정부 수립을 극비로 진행할 정도로 전선은 긴박하게 돌아갔다. 사활적(死活的) 전투가 벌어졌다. 전선에는 시체가 쌓였다.

육군은 다부동·영천·포항 등지에서 혈전을 치렀고, 해병대는 진동리와 통영상륙작전을 통해 북한군의 부산진출을 막아냈다. 해군은 극비리에 진행되고 있는 인천상륙작전에 필요한 첩보 수집을 위해 영흥도로 침투해 작전을 수행했다. 이른바 '엑스레이(X-ray)작전'이다. 공군도 낙동강 전선 사수에 힘을 보탰다. 모두가 나라를 위해 목숨을 아끼지 않았다.

상륙작전을 수행하고 있는 국군 해병대

인천상륙작전 성공 이후 북진 선봉에

낙동강의 위기를 극복한 국군은 인천상륙작전 이후 통일을 향한 북진의 선봉에 섰다. 곳곳에서 승전보가 울렸다. 원산과 평양을 탈환하고 청천강을 넘어 국경도시 초산까지 진출했다. 통일이 목전에 다가왔다. 그때 중공군이 개입했다. 이로 인해 전쟁은 새로운 국면을 맞이하게 됐고, 국군은 왔던 길로 되돌아갔다. 총퇴각이었다. 덩달아 북한 주민들도 피난길에 올랐다. 그중 흥남철수는 피란의 상징이 됐다.

국군은 그런 위중(危重)한 상황에서도 북한 동포들의 피란을 도왔다. "자신들이 타고 갈 배에 피란민을 태워 달라!"며 미군을 압박했다. 마침내 북한 동포 10만 명이 흥남철수를 통해 구출됐다. 문재인(文在寅) 대통령의 부모도 그때 흥남철수의 피란민 대열에 있었다. 그의 선친은 북한 치하에서 흥남시청의 농업계장을 지냈다.

전쟁위기 애국심으로 극복

중공군의 개입으로 전쟁은 어느 일방의 군사적 승리가 어렵게 된 가운데 38도선을 중심으로 엎치락뒤치락하다 결국 정전협정 체결로 종결됐다. 3년간의 전쟁에서 국군 62만1479명이 희생됐다.

그분들의 뜨거운 나라 사랑 정신과 숭고한 희생이 자유민주주의 체제의 대한민국을 살려냈다. 대한민국 국군은 창설 이후 최대의 위기인 6·25전쟁을 애국심으로 극복했다. 전후에는 국민의 군대와 국토방위의 주체로서 역할을 충실히 수행하고 있다. 그런 대한민국 국군장병들에게 뜨거운 찬사와 함께 격려를 보낸다.

3. 맥아더의 인천상륙작전과 대한민국의 '숨은 영웅들'

인천상륙작전은 맥아더 생애 최대의 걸작품

X-Ray작전을 지휘한 함명수 소령

인천상륙작전은 제2차 세계대전 이후 유엔군이 실시한 최대 규모의 상륙작전이었다. 인천상륙작전에는 대한민국 해군을 비롯한 8개국의 함정 261척과 한미연합군을 비롯한 병력 7만5천 명이 동원됐다. 인천상륙작전은 유엔군사령관 맥아더(Douglas MacArthur) 원수 생애 최대의 걸작품이었다. 맥아더 장군은 인천상륙작전의 성공으로 19세기 유럽을 제패했던 나폴레옹(Bonaparte Napoleon, 1769–1821)에 버금가는 군신(軍神)의 반열에 오르게 됐다.

인천상륙작전은 처음부터 끝까지 맥아더 장군에 의해 계획되고 실행에 옮겨졌다. 6·25전쟁 발발 직후부터 수도 서울의 관문인 인천에 대한 상륙작전을 구상했던 사람도 맥아더였고, 워싱턴의 펜타곤은 물론이고, 휘하의 지휘관 및 참모들까지 반대하던 것을 끝까지 설득하며, 강력히 추진했던 사람도 바로 맥아더 장군이었다. 그런 점에서 맥아더 장군이 없었다면 '20세기 최대의 작전'으로 평가받는 인천상륙작전은 전쟁사에 기록되지 못했을 것이다.

인천상륙작전의 성공은 6·25전쟁의 판세를 완전히 뒤바꿔 놓았다. 낙동강 전선에서 공세의 끈을 놓지 않았던 북한군은 인천상륙작전 후 38도선을 향해 무질서한 퇴각을 하게 됐고, 국군과 유엔군은 그런 북한군을 추격

함상에서 인천상륙작전을 지휘하고 있는 맥아더 장군과 참모들(1950년 9월 15일)

하며 38도선을 향해 돌진했다. 그 결과 국군과 유엔군은 수도 서울을 3개월 만에 다시 찾게 됐고, 전쟁 이전 상태의 국경선 역할을 했던 38도선까지 회복했다.

인천상륙작전 참가 부대 및 규모

인천상륙작전은 국제적 측면에서는 연합군으로 구성된 대규모 해상 및 상륙작전이었으나, 국내적 측면에서는 해군·육군·해병대를 비롯하여 카투사(KATUSA), 재일학도의용군, 켈로(KLO)부대, 경찰, 방첩대 등이 참가한 총력전이었다. 인천상륙작전에는 8개국에서 261척 함정을 보냈다. 대한민국 함정 15척을 비롯하여 미국 225척, 영국 13척, 캐나다 3척, 오스트레일리아 2척, 뉴질랜드 2척, 프랑스 1척, 네덜란드 1척이 그것이다. 지상 작전을 수행할 상륙부대로는 미 해병1사단과 미7사단, 그리고 연대 규모의 한국 해병대와 육군17연대였다.

그런데 막상 인천상륙작전을 실시하려고 보니 상륙부대로 차출된 미7사단의 병력이 완전편성의 50% 수준밖에 안됐다. 미7사단은 한국전선에 먼저 투입된 미24사단, 미25사단, 미1기병사단의 부족한 병력을 보충해줬다.

카투사 8637명 미7사단 부족한 병력 보충

그런 탓으로 미7사단은 병력이 절대 부족했다. 맥아더 사령부는 미7사단의 부족한 병력을 보충하기 위해 한국 정부에 요청해 한국 청년들을 카투사라는 이름으로 미군에 복무하게 했다. 그 수가 무려 8637명이었다. 미7사단 병력 2만4854명의 30%가 넘는 숫자였다. 이들 카투사들은 미7사단의 보병 및 포병 중대에 100명씩 배치되어 작전을 수행했다. 또한 미7사단에는 일본에 거주하고 있던 재일동포 학생 78명도 자원하여 참전했다. 병

6·25전쟁 참전기념식에서 재일학도의용군동지회 참전용사들이 참전기념탑에 경례하고 있다.

역의무도 없는 재일동포 학생들이 조국의 위기를 보고 전선에 뛰어들었다. '재일학도의용군(在日學徒義勇軍)'이다.

인천상륙작전 최대공로자…해군의 'X레이 작전'

인천상륙작전의 최대공로자는 대한민국 해군이다. 첩보 수집부터 상륙 작전에 직접 참가하여 서울을 탈환하기까지 대한민국 해군과 해병대의 역할이 컸다. 그 중심에는 해군참모총장 손원일(孫元一) 제독이 있었다. 국군 수뇌부 중 인천상륙작전을 제일 먼저 알았던 사람이 손원일 해군총장이다. 그는 맥아더(Douglas MacArthur) 사령부로부터 인천상륙작전에 필요한 첩보 수집 명령을 8월 중순에 전달받았다.

손원일 총장은 맥아더사령부에서 한국해군에 파견된 루시(Lousey) 미 해군 중령으로부터 "인천상륙작전에 따른 정보수집을 수행하라"는 맥아더 사령부의 지시를 받고 인천상륙작전이 실시된다는 것을 알게 됐다. 이때부터 손원일 총장의 행보가 바빠졌다. 부산 임시 경무대를 방문해 이승만 대통령에게 인천상륙작전을 보고했고, 이어 인천상륙작전의 해상 및 첩보 수집 거점 역할을 하게 될 덕적도와 영흥도 탈환을 위해 이희정 중령이 지휘하는 702함을 비롯한 8척의 함정을 인천해역으로 급파했다.

이희정(李熙晶, 해군 소장 예편) 중령이 이끈 해군함정이 1950년 8월 20일 덕적도에 이어 영흥도를 탈환하자, 손원일 총장은 맥아더사령부로부터 부여받은 인천지역 정보수집 임무를 해군본부 정보국장 함명수(咸明洙, 해군 중장 예편, 해군참모총장 역임) 소령에게 맡겼다.

영흥도를 거점으로 인천과 서울 등지의 북한군 무기와 병력배치 등을 수집하라는 임무였다. '엑스레이(X-Ray) 작전'으로 명명된 이 작전에는 17명의 해군특수첩보대원들이 투입됐다. 이들은 북한군 복장을 하고 인천 등지의 적의 병력과 장비, 방어상태 등을 수집해, 미 극동군사령부 정보국에서 파견한 클라크(Eugene Clarke) 해군 대위를 팀장으로 한 미 첩보부대에 알려줬다.

미 첩보부대는 이를 맥아더사령부에 보고했다. 당시 클라크 대위를 팀장으로 한 미군 첩보부대에는 정보통인 계인주(桂仁珠) 육군 대령과 연정 해군 소령, 그리고 최규봉을 비롯한 켈로(KLO)대원 20여 명이 있었다. 켈로 부대는 국내에서 활동하는 맥아더사령부 예하의 대북 첩보 수집기구다. 최규봉은 인천상륙작전 당일 팔미도 등대에 불을 밝힌 전공으로 맥아더 장군으로부터 미국 성조기를 수여 받아 화제가 됐다.

백인엽 수도사단장…직책 낮춰 17연대장으로 참전

인천상륙작전에는 한국 해병대와 육군17연대가 작전부대로 참가했다. 이들 부대의 작전참가에는 우여곡절이 있었다. 신현준(申鉉俊) 사령관이 지휘하던 3천 명의 해병대는 신성모(申性模) 국방부 장관에 의해 당시 위급하던 낙동강 전선에 투입되려는 것을, 손원일 총장에 의해 극적으로 위기를 모면하고 인천상륙작전에 참가하게 됐다. 또 최초 상륙작전에는 한국 육군부대가 포함되지 않았다. 이를 알게 된 정일권(丁一權) 육군총장이 강력히 항의해 육군부대도 참가하게 됐다.

그때 이승만 대통령은 "상륙작전에 참가할 연대 규모의 지휘관을 가장 용맹한 사람으로 선발하라"고 지시해, 당시 수도사단장이던 백인엽(白仁燁, 1923-2013, 육군 중장 예편) 대령이 뽑혔다. 그때 신성모 장관은 백인엽 사단장에게 "사단장에게 연대장 직책을 수행하라"고 하면 어떻게 하겠느냐고 묻자, "전쟁을 하는데 사단장이면 어떻고 연대장이면 어떠냐? 중대장도 괜찮다"고 말해, 백 대령이 육군의 상륙부대 지휘관으로 선발됐다. 이어 신성모 장관이 백인엽 대령에게 "어느 부대를 데리고 가겠느냐?"고 하자, 그는 전쟁 초기부터 생사고락을 같이했던 17연대를 데리고 가겠다고 해서 17연대가 인천상륙작전에 참가하게 됐다.

인천상륙작전 숨은 영웅들…
카투사·재일학도의용군·켈로부대·방첩대·경찰관들

이들 부대와 함께 서울 수복 후 치안 유지를 위해 김창룡(金昌龍, 육군 중장 추서) 중령이 이끈 50여 명의 육군방첩대원과 선우종원(鮮于宗源, 1918-2014) 경무관이 지휘한 2천여 명의 경찰관들도 동행했다.

맥아더 장군이 계획한 인천상륙작전은 최초 대한민국 해군과 첩보부대에서부터 시작되어 해병대, 육군17연대, 미군 속의 한국군인 카투사, 켈로부대, 방첩대, 경찰관, 재일학도의용군의 도움으로 성공하게 됐다. 그런 점에서 인천상륙작전에 대한 재평가 작업과 함께 인천상륙작전의 숨은 영웅들의 역할과 활약에 대해서도 종합적인 재조명이 필요하다 하겠다.

4. 대한민국 여군 출범과 변천

6·25전쟁 중 '의용군'으로 출발…조국 수호 헌신

여군 역사 70년, 여군 1만 시대로

1990년대 후반 사관학교 입교 허용

2002년 최초 여성 장군 탄생

여성 ROTC 도입·부사관 배출

전·후방 각지서 국토방위 맹활약

대한민국 정부 수립 이후 국방부를 비롯한 육·해·공군 및 해병대에 대한 창설 규정은 정부조직법, 국군조직법, 국방부직제령, 공군본부직제령, 해병대령에 명백히 나와 있다. 하지만 여군(女軍)에 대한 설치규정은 그 어떤 국방법령에도 나와 있지 않다. 그런 점에서 국방 법령상 '여군'이란 명문 규정은 그 어디에도 없는 셈이다. 그럼에도 대한민국 군대에서 여군이란 명칭은 버젓이 사용되고 있다.

대한민국 여군은 의무 복무가 있는 남자들에 의해 구성된 '남군(男軍)'에 대한 상대적인 명칭이다. 대한민국 군대에 육·해·공군 및 해병대처럼 별도의 조직체를 가진 여군은 존재하지 않는다. 여군은 국방부와 합동참모본부를 비롯한 육·해·공군 및 해병대에 근무하고 있는 여군 장교 및 부사관을 총칭하는 용어일 뿐이다. 그럼에도 여군은 대한민국 군대에서 자연스럽게 통용되고 있는 '특별군'으로서 대우를 받고 있다.

국군의 날 기념식에서 분열하고 있는 여군들(1959년 10월 1일)

여군 창설 5주년 기념행사 모습(1955년 9월 6일). 가운데가 김현숙 초대 병과장

자발적으로 참전한 의로운 군대의 후예들

대한민국 여군은 6·25전쟁 때 '의용군(義勇軍)'으로 출발했다. 의무 복무에 의해 징집된 군대가 아닌 국가의 위기를 보고 자발적으로 참여한 의로운 군대였다. 이른바 '여자 의용군'이었다. 그렇게 보면 대한민국 여군은 '의로운 군대'를 뜻하는 여자 의용군의 후예들이라고 해도 과언이 아니다. 물론 전쟁 이전 육군에는 배속장교, 공군에는 여자항공대가 존재했고, 육군과 해군에는 간호장교가 있었다.

대한민국 정부 수립 이후부터 여자는 병역의무에서 제외됐다. 그것은 순전히 남자들의 몫이었다. 그런 규정은 대한민국 정부 수립 이후인 1949년 8월 6일에 제정되어 공포된 병역법(兵役法)에 나와 있다. 이는 법률 제41호로 공포된 대한민국 최초의 병역법이었다. 병역법은 대한민국을 수호하게 될 국민의 군대인 국방군에 편입될 군인들에 대한 소집, 징집, 병역종류, 복무기간 등 군 복무에 관한 일체를 규정하고 있다.

병역법 제1조에 의하면 "대한민국 국민 된 남자는 본법에 의하여 병역의 의무를 진다"고 했고, 제2조에 "대한민국 국민 된 여자 및 본법에 의하여 병역에 복무하지 않는 남자는 지원에 의하여 병역에 복무할 수 있다"고 규정했다. 그렇게 볼 때 대한민국 여군은 정부 수립 이후부터 오늘날에 이르기까지 자발적으로 지원한 의용군, 즉 '여자 군인'을 지칭하고 있는 셈이다.

6·25전쟁 때 여자 의용군으로 출범한 여군들은 어려운 난관을 극복하고 2020년 현재 1만 명에 이르는 '여군 시대'를 맞이하고 있다. 출범 당시 여군은 육군뿐만 아니라 해군과 공군 그리고 해병대에까지 지원자가 몰렸다. 그때는 국군이 낙동강으로 몰리고 있는 위급한 상황이었다. 이른바 대한민국에서는 총력전을 펼치고 있었다. 어린아이와 노인만 빼고 모두 전쟁에 참전하여 국가를 구하겠다며 나섰다. 총력전이었다. 그때 나이를 불문하고

많은 여성들이 조국의 위급함을 보고 전선으로 뛰어들었다. 모두가 자원이었다. 그들이 내건 슬로건은 "비겁한 남성들은 물러가라!"였다. 그때는 병역을 기피하는 남자들이 더러 있었다. 그것을 보고 여성들이 나섰다.

그때부터 여군들은 전선을 가리지 않고 전후방에서 싸웠다. 전선에서 싸우는 전투 여군도 있었고, 후방에서 부상병을 간호하는 여군도 있었고, 적을 선무하는 정훈 여병도 있었고, 사무실에서 행정을 보조하는 행정 여군도 있었다. 여군들은 전후방을 가리지 않고 다양한 지역에서 주어진 임무를 수행하며 조국 대한민국을 지켜내는 데 혼신의 힘을 다했다. 그러다 보니 각 군별로 명칭도 달랐다. 육군의 여자 의용군, 해군의 여자 해병, 공군의 여자항공병, 육·해군의 간호장교, 공군의 간호군무원, 여자 학도의용군, 민간간호사, 여성유격대, 군예대(軍藝隊)가 바로 그들이다.

서울 태릉사격장에서 권총 사격을 하고 있는 여군들(1972년 10월 12일)

전투병과에서도 여자 장군 배출

그런 어려운 세월을 거쳐 어언 여군의 역사도 70년에 이르렀다. 적지 않은 세월이다. 그 숱한 세월을 보내며 여군도 이제 대한민국 군대 속에 굳건히 자리 잡게 됐다. 500명에서 출발한 여군이 이제 그 20배에 달하는 '1만 명 시대'에 접어들었다. 그 과정에서 여군은 양적인 성장뿐만 아니라 질적인 발전도 가져왔다. 비록 여군만의 지휘계통을 가진 별도의 '여군사령부'는 없지만, 여군에서도 장군도 나왔다. '여군 장군의 시대'가 열렸다.

2002년 최초의 여군 장군이 간호병과에서 배출됐다. 여군 출범 후 실로 50여 년 만의 쾌거였다. 그 뒤를 이어 여군 출범 60년이 되는 해인 2010년에는 전투병과에서도 여군 장군이 나왔다. 2017년에는 2년 임기제가 아닌 계급정년이 보장되는 여군 장군이 나왔다. 미국이 1901년 여군을 도입한 이후 70년만인 1972년에 장군을 배출한 것보다 약 20년이 빨랐다. 그만큼 대한민국 여군이 양적·질적으로 성장하고 발전했다는 증거다.

대한민국 여군은 각 군에서 크게 활약하고 있다. 비록 출발은 작고 미미했지만 70년이 지난 여군은 국군 내에서 업무능력이나 추진력에서 가파른 상승세를 타고 있다. 남성의 전유물로 알려진 금남(禁男)의 집인 각 군 사관학교에 여자 생도들이 들어가 수석 졸업을 하며 주름잡고 있다.

1997년 공군사관학교를 필두로, 그다음 해에 육군사관학교, 그다음 해인 1999년에는 해군사관학교에 여성들의 입교가 허용됐다. 그리고 2015년에는 호국간성의 요람지라고 할 수 있는 충성대의 육군3사관학교에까지 여성 입교가 받아들여졌다. 거기다 2010년에는 각 대학교에 남성들과 똑같이 여성 학생군사교육단(ROTC) 제도를 도입했다.

특히 여군은 여자 장교뿐만 아니라 군에서 허리 역할을 하는 여자 부사관들도 부사관학교를 통해 배출했다. 그렇게 됨으로써 대한민국 국적을 가진 여성들에게 군의 정예간부가 되는데 걸림돌 역할을 할 모든 장애물이 제거됐다. 그렇게 해서 장군 부부도, 원사 부부도 탄생했다. 자랑스러운 일이 아닐 수 없다.

군 정예간부가 되는 길, 걸림돌은 없다

오늘도 대한민국 여군들은 국토방위를 위해 전후방 각지에서 활동하고 있다. 육군에서는 전투병과를 비롯한 각 병과에서, 해군에서는 영해 수호를 위해 함정에서, 공군에서는 하늘의 전투기에서, 해병대에서는 서북도서에서 각자의 맡은 바 임무를 충실히 수행하고 있다. 대한민국 여군들의 국토방위를 위한 위국헌신에 국민들과 함께 경의와 고마움을 표한다.

5. 대한민국 부사관들의 역할과 활동

대한민국 부사관(副士官·Non-commissioned Officer)은 장교단과 함께 군대의 근간(根幹)인 간부(幹部)들이다. 부사관은 군대에서 결코 없어서는 안 될 너무나도 중요한 임무와 역할을 수행하고 있다.

전시에 무서운 전사…평시엔 병사들의 엄한 형이자 어머니 역할

그런 점에서 부사관은 부대의 전통을 유지하고 명예를 지키는 '부대의 주인'이다. 이뿐만 아니라 전투력의 근원인 병사들의 교육 훈련을 지도하고 병영 생활을 선도하는 부대 내의 '엄격한 형님' 또는 '자상한 어머니' 역할도 수행하고 있다.

그렇지만 사선(死線)을 넘나드는 전쟁터에서는 '무서운 전사(戰士)'로 변신한다. 그때만큼은 용감하면서도 신뢰감이 가는 '믿음직한 분대장' 또는 '노련한 선임하사'로 거듭 태어난다. 그들이 바로 이 땅을 지켜낸 부사관들이다.

대한민국 부사관들의 역사는 바로 국군의 역사였다. 어쩌면 국군의 역사 보다도 더 오래됐다. 국군이 탄생하기 전에 부대가 먼저 편성되고, 그 편성 의 주역 역할을 했던 사람들이 바로 부사관들이다. 그때는 '하사관(下士官)' 이란 이름으로 통용됐다. 그러다 새로운 천년을 맞이한 2001년부터 명칭 도 기존의 하사관에서 부사관으로 개칭됐다. 장교를 총칭하는 사관(士官) 에 버금간다는 의미로 '부사관'이라는 명칭을 쓰게 됐다.

창군 초기 뛰어난 부사관···대거 사관학교 입교 장교 임관

대한민국 부사관들의 역사와 전통은 오래됐다. 광복 후 미 군정에서는 장차 세워질 나라의 군대를 편성하기 위해 경비대를 창설했다. 육군이 될 조선경비대와 해군이 될 조선해안경비대였다. 그때 이 땅의 많은 애국적 젊은이들이 대거 군대로 몰려들었다. 그들 대부분은 부사관으로 들어와 건 군 대열에 합류했다. 그때가 1946년이었다. 그 당시 부사관들의 이름은 생 소했다.

육군의 경우 일등중사·이등상사·일등상사·특무상사로, 해군은 삼등병조· 이등병조·일등병조·병조장(兵曹長)으로 불렀다. 그러다 한때는 하사·중사· 상사로, 그 이후에는 하사·중사·이등상사·일등상사로, 그러다 1993년부터 하사·중사·상사·원사(元士)로 개칭돼 오늘에 이르고 있다.

국방부 장관 지낸 서종철·노재현 장군 등도 부사관 거쳐

대한민국 부사관들은 창군 과정에서부터 장교가 되는 가교(架橋) 역할 을 했다. 창군 초기 뛰어난 부사관들이 사관학교 추천을 받아 장교로 임관 했다. 그리고 6·25전쟁을 전후하여 장군으로 진출하여 대한민국을 빛냈다. 국방부 장관을 지낸 서종철(徐鍾喆, 육군 대장 예편, 육군참모장·국방부 장관 역임) 장군과 노재현(盧載鉉, 육군참모총장·국방부 장관 역임) 장군도 부산 5연대를 창설할 때 부사관으로 들어왔다.

서종철 장군은 육군사관학교 1기생으로 그리고 노재현 장군은 육사 3기 생으로 들어가 각각 육군참모총장을 거쳐 국방부 장관까지 올라갔던 입지 전적인 인물들이다. 6·25전쟁 때 백골부대장으로 유명했던 임충식(任忠植, 1922-1974, 육군 대장 예편, 합참의장·국방부 장관 역임) 장군도 원래는 부사관이었다. 그는 육군 대장으로 합참의장을 지낸 후 육사 1기생 중 가장 먼저 국방부 장관이 됐다.

또 6·25전쟁 초기 춘천대첩과 동락리 전투를 승리로 이끌고 인천상륙작 전 후 압록강에 제일 먼저 도달했던 6사단 7연대장 임부택(林富澤, 육군 소장 예편, 군단장 역임) 장군도 부사관 출신이다. 포항제철의 신화를 창조 했던 박태준(朴泰俊, 육군 소장 예편, 국무총리 역임) 장군도 부사관으로 입대했다가 육군사관학교 추천을 받아 장군으로 진출했던 인물이다. 베티 고지전투의 영웅 김만술(金萬述, 1929-1991) 일등상사는 뛰어난 전공으로 소위로 승진했다가 나중에 육군 대위로 전역했다.

6·25와 베트남전에서 맹활약…수많은 전쟁영웅 배출

대한민국 부사관들은 정부 수립 이후 그리고 6·25전쟁을 거치며 그 존재 감을 드러내기 시작했다. 정부 수립 이후 당시 남북한 국경선 역할을 했던 38도선에서는 무력충돌이 빈번하게 일어났다. 그중에서 개성 송악산 전투 가 유명하다. 그때 국군1사단에게 위협적이던 북한군의 토치카를 파괴하기 위해 서부덕(徐富德) 이등상사(현재 중사)가 이끄는 10명의 특공대들이 그 곳을 격파하고 모두 장렬히 산화했다. '육탄10용사의 탄생'이었다. 6·25전 쟁이 일어나기 1년 전의 일이다. 그때부터 부사관들은 '감투정신과 용맹의 화신(化身)'으로 국민들에게 또렷이 각인됐다.

6·25전쟁과 베트남 전쟁에서 부사관들의 활약상은 대단했다. 용감한 분대장과 선임하사들이 전투 승리의 주역들로 등장했다. 전쟁의 난관이 있을 때마다 부사관들은 특공대를 꾸려 앞장섰다. 그리고 가장 어려운 일들을 자처했다. 희생도 만만치 않았다. 많은 부사관들이 막내 동생 같은 병사들의 희생을 줄이기 위해, 또 부대의 임무를 달성하기 위해, 선두에서 난공불락의 적진을 향해 "돌격 앞으로!"를 외치며 돌진하다 적탄에 숨져갔다. 위협적으로 다가오는 적 전차를 향해서는 수류탄과 박격포탄을 들고 함께 산화하는 것을 주저하지 않았다.

베트남의 정글 속에서도 부사관들은 분대장 또는 선임하사로 맹활약했다. 가장 위험한 곳, 죽음이 도사리는 곳에는 어김없이 부사관들이 있었다. 그럴 때마다 국군의 희생은 크게 줄어들었고, 승리는 국군의 것이 됐다. 그것은 부사관들의 특출한 역량이자 그들만이 누릴 수 있는 하나의 특권이 됐다. 그 과정에서 전쟁 영웅들이 수 없이 탄생했다.

6·25전쟁 때만 해도 최득수·안낙규·이명수·백재덕 등이 조국의 자유 수호를 위해 목숨을 버려가며 얻은 뛰어난 전공으로 태극무공훈장을 받았다. 베트남 전쟁에서는 지덕칠 해병 중사와 이종세 육군 상사가 6·25전쟁 때의 선배 부사관들의 뒤를 이어 태극무공훈장을 받았다. 감히 흉내 낼 수조차 없는 무용(武勇)이 뒷받침한 전공이 있었기에 가능했다.

전쟁 승패 좌우할 창끝부대의 전투력 구심점 역할 맡아

대한민국 부사관들이 국군과 함께 한 세월도 2020년 현재로 어언 70여 년이 지났다. 그들은 부대의 근간으로서 묵묵히 그리고 성실히 국가와 군을 위해 소임을 다했다. 그 과정에서 부사관은 육·해·공군 및 해병대를 합쳐 이제 10만 명을 훌쩍 넘었다. 국군 60만의 6분의 1에 해당하는 엄청난 숫자다. 결코 적지 않은 숫자다. 명실상부한 군대의 근간으로서 역할을 수행할 수밖에 없는 위치를 차지하게 됐다.

앞으로 우리 군의 기계화와 전문화에 따라 더욱 늘어날 추세다. 부사관들의 역량에 따라 전투력도 여기에 비례한다는 점을 고려할 때, 갈수록 그들의 역할과 활동에 주목하지 않을 수 없다.

동서고금을 막론하고 부대 전투력은 군의 제일 말단부대인 '창끝부대'에서 나온다. 창끝부대의 구심점은 예나 지금이나 역시 부사관이다. 전쟁의 승패를 결정할 "창끝이 무딜 것인가, 날카로울 것인가?"하는 판가름은 결국 부사관의 역할과 행동에 달려있다. 그런 대한민국 부사관들에게 국민과 함께 무한한 신뢰와 존경 그리고 격려를 보낸다.

6. 6·25전쟁 시 노무부대의 역할과 활동

지게를 짊어지고 전쟁터에 뛰어들다

지게에 보급품을 짊어지고 있는 노무자들

6·25전쟁…전후방 따로 없는 총력전

6·25전쟁은 전후방이 따로 없는 총력전이었다. 전선에서는 군인들이 총칼을 들고 싸웠고, 후방지역에서는 경찰과 청년들이 지역 내 치안을 유지하기 위해 총과 죽창을 들고 공산 게릴라에 맞서 싸우며 자신의 고향을 지켰다. 여기에 어린 학생들과 연약한 여성들도 자발적으로 참여하여 위기에 처한 조국을 구하고자 노력했다. 이른바 학도의용군과 여군의용군이었다.

총력전은 여기서 그치지 않았다. 군대에 들어갈 나이가 훨씬 지난 30대 중반부터 40대 중반의 이 땅의 남자들도 조국의 위기를 보고 가만있지 않았다. 그들은 한국의 좁고 험한 산악지형에 적합한 지게(A-Frame)를 짊어지고 전쟁터로 나섰다.

비록 나이가 들어 전선에서 총을 들고 싸우지는 못하지만, 전선에서 싸우고 있는 국군과 위기에 처한 대한민국을 구하기 위해 멀리서 달려온 유엔군에게 탄약과 식량 그리고 보급품을 날라주기 위해 감연히 나섰다.

이른바 노무자들로 구성된 '지게부대(A Frame Army)'였다. 우리나라의 전통적인 운반수단인 지게가 영어의 알파벳 'A'와 비슷하다고 해서 그런 명칭이 붙었다. 정식명칭은 노무부대(勞務部隊)였다. 노무부대는 최초 민간인운반단(CTC)에서 노무단으로 되었다가 나중에는 노무사단과 노무여단으로 확대됐다.

군번도 군복도 없이 '지게로 싸운 노무부대'

노무부대는 군복도 군번도 없었다. 그들은 평상시 입고 있던 하얀 무명옷을 입은 채 지게를 짊어지고 총탄이 쏟아지는 험한 산길을 기어오르며 전선에서 싸우고 있는 국군과 유엔군에게 탄약과 식량 그리고 장벽 자재를 운반했다. 아무리 용맹한 군인이라도 식량과 탄약 없이는 싸울 수 없다.

지게로 포탄을 나르는 노무부대

노무부대는 전선에서 싸우고 있는 국군과 유엔군이 오로지 전투에만 전념할 수 있도록 모든 보급품을 운반했다. 전 국토의 70%가 산악지대인 한반도의 지형에서 지게부대는 그런 면에서 최적화된 국군과 유엔군의 수송부대 역할을 충실히 해냈다.

노무부대는 차량이 들어갈 수 없는 산꼭대기의 참호까지 전투에 필요한 물자를 적시에 보급해 줬다. 그들은 지게에 탄약이나 전투식량을 지고 차량이나 우마차(牛馬車)가 지나갈 수 없는 좁고 험한 산길을 오로지 두 다리에 의지해 보급품을 운반했다.

그리고 산에서 내려올 때는 전사한 시체나 부상자를 지고 내려왔다. 그런 점에서 노무부대는 드러내지 않고 숨어서 싸우는 전장에 없어서는 안 될 소중한 전투병력이었다. 그들은 그 과정에서 전선의 젊은 병사들을 격려하고 자식처럼 어루만져 주는 아버지와 형님 같은 역할도 했다.

그러다 보니 노무부대의 수고로움은 이만저만이 아니었다. 노무부대가 전선으로 운반해야 할 탄약과 식량과 그리고 장벽 자재는 차량이 들어올 수 있는 마지막 지점에서 국군과 유엔군이 싸우고 있는 산꼭대기까지는 보통 수 십km가 넘는 만만치 않은 거리였다. 그들은 이 거리를 하루에 몇 번이고 왕복하는 수고로움을 아끼지 않았다. 만약 참호에서 싸우고 있던 군인들이 매번 보급품이 있는 산 밑에까지 내려와 탄약과 식량을 날라야 했다면 엄청난 전투력의 낭비였을 것이다.

45kg 등짐 메고 하루 10km씩 보급품 운반

노무자들은 매일 10km가 훨씬 넘는 산꼭대기까지 평균 45kg에 달하는 보급품을 운반했다. 그들은 거의 자신의 몸무게에 해당하는 무거운 보급품을 지게에 짊어지고 산길을 오르락내리락했다. 그때마다 그들에게는 생사를 넘는 순간이 한두 번이 아니었다. 그 과정에서 죽은 자도 있었고, 부상자도 있었고, 실종된 자도 있었다.

그렇다고 노무자들의 대우가 좋았던 것도 아니었다. 그들은 오로지 자발적으로 또는 국가의 부름에 자신의 몸을 바쳐가며 국가에 위국헌신(爲國獻身)했다. 그런 점에서 그들은 대한민국의 숨어있는 진정한 전쟁 영웅들이었다.

만약 6·25전쟁 때 노무자들이 없었다면 전쟁을 수행하지 못했을 것이다. 차량이나 우마차가 지나갈 수 없는 전선의 그 산꼭대기까지 무슨 수로 탄약과 전투식량을 운반하며, 그런 상태에서 고지의 국군과 유엔군이 어떻게 전투를 치를 수 있었겠는가를 생각하면 아찔할 따름이다. 그렇게 보면 6·25전쟁의 가장 어려운 전투는 노무부대가 한 것이나 다름없었다. 그들의 공이 결코 적지 않다.

노무부대는 그런 위험한 임무를 수행하는 과정에서 엄청난 피해를 입었다. 6·25전쟁 초기 노무자들은 1개 보병대대에 평균 50-60 명이 있었다. 국군 전체로는 4000-5000 명에 달하는 숫자였다. 그러다 전선이 낙동강으로 내려오면서 노무자의 수요는 급증했다. 나중에는 3개 노무사단과 2개 노무여단이 만들어져 미군 3개 군단과 국군 2개 군단을 각각 지원하게 됐다. 그 숫자가 10만 명에 달했다. 그만큼 전쟁을 수행하는데 노무부대 역할이 증대됐음을 의미한다.

전쟁 3년 동안 30만 명 동원…미군 전투병력 10만 명 절약

그 결과 6·25전쟁 3년 동안 동원된 노무부대의 총인원은 30만 명에 달했다. 그 과정에서 노무자들의 희생도 만만치 않았다. 전투가 가장 치열했던 낙동강 전선의 다부동(多富洞) 전투에서는 하루 평균 약 50명이 희생됐다. 그렇게 해서 전쟁 기간 전사한 노무자가 2,064명에 실종자가 2,448명 그리고 부상자가 4,282명이나 발생했다. 무려 8,794명의 노무자가 피해를 입었다. 엄청난 피해가 아닐 수 없다.

그런 노무부대의 값진 희생으로 대한민국은 전란의 위기에서 벗어날 수 있게 됐다. 노무부대의 역할에 대해 미 제8군사령관 밴플리트(James A. Van Fleet, 1892-1992) 장군은 "만일 노무부대가 없었다면 최소한 10만 명의 미군 병력을 추가로 파병했어야 했을 것"이라고 했다. 밴플리트 장군의 말대로라면 노무부대는 미군 10만의 전투병력에 상응하는 역할을 수행한 셈이다. 전투의 절반은 그들이 한 셈이다.

전쟁 기간 노무부대는 오로지 나라 사랑 정신에서 우러나온 애국심에 의지해 무거운 보급품을 짊어지고 험한 산길을 걷고 또 걸으며 전선의 이곳저곳에 탄약과 식량을 날라다 줬다. 그들에게는 허름한 군복조차도 사치였다. 그들은 명예도 바라지 않은 채, 오로지 다 떨어진 무명옷과 낡은 지게에 자신의 육신을 의지하며 군번도 없이 그들에게 주어진 막중한 임무만 묵묵히 수행했다. 그런 점에서 노무부대는 이 땅의 진정한 숨은 애국자이자 전쟁 영웅들이었다.

7. 대한민국 태극무공훈장과 6·25전쟁 영웅들

인천상륙작전 성공 맥아더, 태극무공훈장 '1호'

환도식서 이승만 대통령이 직접 수여

6·25전쟁 중 191개…유엔군 117개

손원일 제독 등 12명은 2개씩 받아

최치환 경무관 경찰관으로는 유일

신현준(오른쪽) 해병대 사령관에게 태극무공훈장을 수여하고 있는 이승만 대통령(가운데). 왼쪽은 손원일 국방부장관.

태극무공훈장은 대통령이 직접 수여 원칙

대한민국 최고의 무공훈장은 태극무공훈장이다. 그러기에 대한민국 전쟁 영웅들은 거의 모두 태극무공훈장을 받았다. 태극무공훈장은 조국과 민족을 위해 과감히 목숨을 버렸거나, 위기에 처한 국가를 구할 만큼의 크나큰 전공(戰功)이 없이는 도저히 받을 수 없는 훈장이다. 그렇기 때문에 태극무공훈장만큼은 대통령이 직접 수여하도록 규정되어 있다. 2등급 이하의 무공훈장에 대해 대통령이 수여하지 못할 경우에는 국방부 장관이, 국방부 장관도 어려울 경우에는 각 군 총장이 수여하도록 했다.

태극무공훈장은 주로 6·25전쟁과 베트남전쟁 그리고 대간첩작전을 수행하며 크나큰 전공을 세운 유공자들의 몫이었다. 태극무공훈장을 받은 수훈자(受勳者)들은 대한민국 최고의 군인들이었다. 그런 관계로 태극무공훈장은 전공이 뛰어난 소수의 정예 군인들만 받았다. 그중 병사들이나 위관 및 영관 장교들은 대부분 죽어서만 받을 수 있었다. 특히 병사들이 그랬다. 그런 점에서 태극무공훈장은 살아서는 도저히 받기 힘든 훈장이었다. 그래서 국가는 그들에게 최고의 경의를 표하며 예우하는 것을 잊지 않고 있다.

이승만 대통령, 맥아더 원수에게 태극무공훈장 1호 수여

그런데 대한민국 태극무공훈장 제1호는 국군이 아닌 미군이 받았다. 주인공은 바로 유엔군사령관 맥아더(Douglas MacArthur) 원수였다. 맥아더 장군은 태평양전쟁을 통해 일본을 항복시켜 군신(軍神)의 반열에 올랐던 미국의 전쟁 영웅이었다. 미국 국민들은 그런 맥아더 장군을 미국의 위대한 군인으로 평가했다.

맥아더 원수는 6·25전쟁 때 초대 유엔군사령관에 임명되어 한국전선의 국군과 유엔군을 지휘했던 총사령관이었다. 맥아더 원수가 태극무공훈장

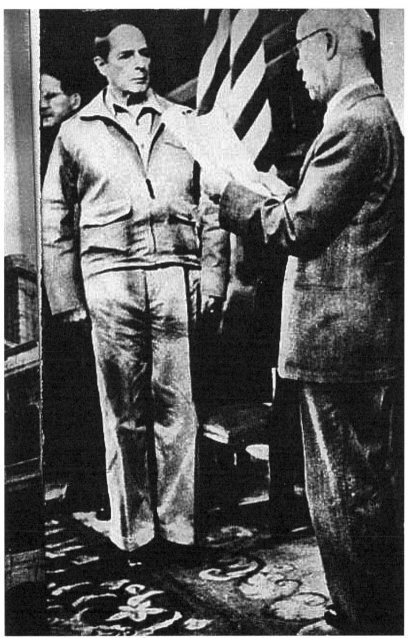

맥아더 장군에게 태극무공훈장을 수여하고 있는 이승만 대통령(1950년 9월 29일).

을 받게 된 결정적인 전공은 바로 인천상륙작전이었다. 인천상륙작전은 맥아더가 미군 수뇌부의 반대를 물리치고 결행하여 성공시킨 20세기 최대의 작전이었다. 인천상륙작전은 흔히 전사가들 사이에서 노르망디 상륙작전에 비견했다. 하지만 인천상륙작전은 노르망디 상륙작전보다 더 어려운 작전이었다. 그것은 인천이 상륙작전을 해서는 안 될 모든 조건을 완벽하게 갖춘 곳이었기 때문이다. 상륙작전을 수행해야 할 해군 수뇌부조차 그 점을 들어 인천상륙작전을 반대했다.

그럼에도 맥아더 장군은 "여러분이 인천에 상륙작전이 어렵다고 생각하듯이 적의 수뇌부도 그렇게 생각할 것이다"라며 설득했다. 그렇게 해서 단행한 것이 바로 인천상륙작전이었다. 그것은 완벽한 성공이었다. 인천상륙작전의 성공으로 맥아더는 마침내 서울을 탈환하고, 서울을 대한민국에 돌려주게 됐다. 이른바 서울 환도식(還都式)이었다. 그때가 1950년 9월 29일이었다. 중앙청에서 거행된 서울환도식 행사에서 이승만 대통령은 유엔군 사령관 맥아더 원수에게 태극무공훈장(당시는 1등무공훈장) 제1호를 수여했다.

6·25전쟁 중 191개…유엔군 117개, 국군 73개, 경찰관 1개

대한민국 정부기록보존소에 보관된 〈태극무공훈장부〉에 의하면, 6·25전쟁 중 대한민국 정부가 수여한 태극무공훈장은 총 191개였다. 그중 국군이 73개, 경찰관이 1개, 유엔군이 117개를 받았다. 태극무공훈장을 국군보다 유엔군이 훨씬 더 많이 받은 셈이다. 유엔군이 태극무공훈장의 60% 이상을 차지했다. 6·25전쟁에서 유엔군의 역할이 그만큼 컸다는 것을 의미한다.

대한민국 국군이 받은 태극무공훈장 73개 중에는 2개를 받은 군인이 12

명이나 된다. 모두가 육해공군 참모총장과 해병대 사령관 그리고 육군의 사단장 이상을 지낸 장군들이다. 태극무공훈장을 2개씩 받은 육군 장군들로는 정일권·백선엽·이형근·유재흥(劉載興)·송요찬(宋堯讚)·장도영(張都暎)·강문봉(姜文奉)·김용배(金容培)·임부택 등 9명이고, 해군에서는 총장을 역임한 손원일 제독, 공군에서도 총장을 역임한 김정렬 장군, 그리고 해병대에서는 사령관을 역임한 신현준 장군이 그들이다. 그들은 전쟁 기간 내내 참모총장 및 주요 지휘관으로서 작전을 지휘하며 조국을 위기에서 구했던 지휘관들이었다.

태극무공훈장을 받은 국군 중에는 부사관과 병사들도 상당수 있었다. 그들 대부분은 전투에서 뛰어난 전공을 세우고 전사했다. 전선을 지키고 전우를 구하려다 장렬히 산화했던 이 땅의 진정한 전쟁 영웅들이다. 그들은 낙동강 전선에서도 전사했고, 북진 및 고지 쟁탈전에서도 목숨을 바쳤다. 자랑스런 그들의 이름을 불러본다.

17연대의 김용식·홍재근 이등병, 7사단 5연대의 김옥상 일등병, 6사단의 안낙규 일등중사(현재 중사), 수도사단의 백재덕 일등중사, 7사단의 최득수 일등중사, 3사단의 이명수 일등상사(현재 상사) 등 7명이다.

위관급에서는 1사단의 김만술 소위, 6사단의 심일 중위(추서 소령)와 김교수 대위, 7사단의 김한준 대위, 8사단의 허봉익 대위 등 5명이다. 태극무공훈장 수훈자 중에는 연대장으로 전사한 분도 있다. 1연대장 함준호 대령, 31연대장 박노규 대령, 32연대장 권동찬 대령이다. 그들은 후에 육군 준장으로 추서됐다.

군별로…육군 51명, 해군 3명, 공군 4명, 해병대 3명
태극무공훈장을 받은 수훈자 61명을 육해공군 및 해병대로 분류하면, 육군이 51명으로 가장 많다. 육군에서는 이등병에서부터 위관과 영관장교 그리고 장군에서 참모총장에 이르기까지 다양한 계급과 직책에서 태극무공훈장을 받았다. 해군 3명(손원일·박옥규·최용남), 공군 4명(김정렬·최용덕·장덕창·이근석), 해병대 3명(신현준·김성은·김석범)이 받았다.

특히 육군에서는 동락리전투를 승리로 이끈 7연대장 임부택 대령이, 해군에서는 대한해협을 승리로 이끈 백두산함 함장 최용남 중령이, 공군에서는 대한민국 최초의 전투기 조종사로 임무 수행 중 전사한 이근석(李根晳, 1917-1950) 대령이, 해병대에서는 통영상륙작전을 통해 귀신 잡는 해병신화를 낳은 김성은(金聖恩, 1924-2013, 해병 중장 예편, 해병대 사령관·국방부 장관 역임) 대령이 받았다.

워커 장군 제외⋯미8군사령관과 유엔군사령관 받아

유엔군에서는 117명이 태극무공훈장을 받았다. 국군보다 훨씬 많은 숫자다. 그중에서 미군이 대부분이다. 그럴 만도 하다. 6·25전쟁 때 미군은 약 180만 명이 참전해 3만4천 명이 전사하고, 10만 명이 부상했다. 그러다 보니 전쟁을 실제로 진두지휘했던 미군의 육해공군 지휘관들이 많이 받았다. 여기에는 역대 미8군사령관과 유엔군사령관이 포함됐다.

미8군사령관 중 워커(Walton H. Walker) 장군만 유일하게 을지무공훈장을 받았다. 워커장군은 대한민국 두 번째 무공훈장인 '을지무공훈장 제1호' 수훈자이다. 6·25 때 경찰관으로는 최치환(崔致煥) 경무관이 유일하게 태극무공훈장을 받았다.

6·25전쟁 때 태극무공훈장은 대통령이 직접 수여했다. 이승만 대통령은 당사자가 전사하면 유가족을 경무대(현 청와대)로 초청해 수여했다. 심일(沈鎰) 소령도 그의 부친이 대신 받았다. 그것은 최고 무공훈장에 대한 국

가 차원의 예우이자 배려였다.

미국도 최고무공훈장인 명예훈장만큼은 백악관에서 대통령이 직접 수여하고 있다. 이는 문명국가의 좋은 전통이 아닐 수 없다. 그들이 있었기에 대한민국이 존재한다는 점에서 그들에 대한 예우는 아무리 강조해도 지나침이 없을 것이다.

3

―

국방 주요기관의 창설과 변천

1. 대한민국 국방부의 변천과 역할

"장관 46명 배출…'국방의 아버지'로서 소임 다해"

대한민국 정부 수립 이후 70년간 명칭·임무 변함없어

국방부·육·해군본부서 시작…합참·공군 등 조직 확대

한미동맹 바탕으로 안보 강화·'국민의 군대'로 자리매김

대한민국 국방부 청사 전경

대한민국 정부 수립 이후 국방부는 장족의 발전을 해 왔다. 국방비, 병력, 무기 및 장비, 무기 수출 등에서 대한민국 국군은 세계군사력 순위 12위를 자랑하고 있다. 세계 10위권의 경제 대국으로 성장한 국력에 걸맞게 대한민국 국방부도 변천과 발전을 거듭해 왔다. 그 과정에서 국방부는 외부의 침략으로부터 국토를 방위하고, 국민의 생명과 재산을 보호하는 국민의 군대로 굳건히 자리 잡게 됐다.

중앙부처 중 국방부·법무부만 명칭 유지

국방부는 정부 수립 이후 70년의 세월이 흐르는 동안 정부 중앙부처 가운데 법무부와 함께 유일하게 그 명칭을 지켜온 부서이다. 정부 수립 당시 국무위원을 둔 중앙부처는 모두 11개였다. 외무부, 내무부, 재무부, 법무부, 국방부, 문교부, 농림부, 상공부, 사회부, 교통부, 체신부가 그것이다.

그런데 70년의 세월이 흐르면서 다른 부서는 수없이 부침하면서 그 명칭을 달리했다. 가령 외무부는 외교통상부를 거쳐 외교부로, 내무부는 행정안전부로, 재무부는 기획재정부로, 문교부는 교육부로, 농림부는 농림축산식품부로, 교통부는 국토교통부로 바뀌었다. 그럼에도 국방부는 명칭은 물론이고, 임무도 예전이나 지금이나 변함이 없이 그대로다. 외부의 침략으로부터 국토를 방위하고, 국민의 생명과 재산을 보호하는 국민의 군대가 바로 그것이다.

정부조직법·국군조직법에 따라 조직 정비

정부 수립 당시 국방부는 정부조직법과 국군조직법에 따라 조직을 정비해 나갔다. 정부조직법에는 국방부 설치와 국방부 장관의 임무에 대해 규정하고 있다. 국방부조직은 국군조직법과 국방부직제령에 근거를 두고 있

다. 여기에 따르면 국방부는 크게 국방부본부, 육군본부, 해군본부로 구분
됐다. 공군본부는 육군항공대가 육군에서 독립한 뒤에 설치됐다. 그러던
국방부가 이제는 국방부본부를 비롯하여 합동참모본부, 육·해·공군본부,
그리고 해병대사령부와 서북도서방위사령부를 두는 거대한 조직으로 변모
했다. 출범 당시 없었던 병무청과 방위사업청도 새로 설립됐다. 최초 1개
국(局)으로 출발했던 병무국과 방산국이 버젓이 국방부 외청(外廳)으로 독
립한 것이다.

6·25전쟁 이후 조직 확대·정비

정부 출범 당시 국방부본부에는 장관과 차관 밑에 국장(局長)을 둔 체계
였다. 그러다 6·25전쟁 이후 급변하는 국내외 안보정세에 발맞춰 조직을
확대, 정비해 나갔다. 한때는 국방부에 차관이 2명이 있었던 적도 있었다.
정무(政務)차관과 사무(事務)차관이 바로 그것이다. 그리고 차관 밑에는 차
관보를 두어 국(局)의 업무를 조정, 통제했다. 국방업무가 점차 복잡해지면
서 최초 5개국으로 출발했던 조직이 10여 개 국(局)으로 대폭 늘어났다. 특
히 1970년대 자주국방을 표방하면서 방산국(防産局)이 설치됐고, 급기야
는 이를 통제하는 방위산업차관보 직책이 신설됐다. 이는 방위사업청으로
독립했다. 차관보는 최초 3명이었다가 중간에 2명으로 축소되었다가 결국
4명으로 늘어났다. 그 당시 차관보로는 관리차관보, 인력차관보, 군수차관
보, 방위산업차관보가 있었다.

최초 국방부 내 국장 계급은 대령

최초 국방부 내 국장들의 계급은 대령이었으나, 나중에 소장(少將)으로
보임(補任)됐다. 그만큼 국방부 업무가 복잡하면서 전문화되었을 뿐만 아

니라 그 책임도 늘어났다는 증거다. 차관보 명칭도 나중에 실장(室長)으로 바뀌었고, 신분도 중장(中將)에서 점차 민간신분의 고위공무원으로 바뀌었다. 그런 점에서 볼 때 국방부본부는 합참이 맡고 있는 군령 분야를 제외한 제반 국방 분야를 총괄하고 있는 셈이다. 따라서 국방조직도 여기에 준하여 편성되어 발전했다.

이범석 장관부터 서욱 장관까지

1948년 8월 16일 국방부가 출범한 이래 국방부 수장(首長)은 이범석 국방부 장관을 필두로 2020년 현재 서욱(徐旭) 장관까지 47대에 걸쳐 46명을 배출했다. 9대 현석호(玄錫虎) 장관이 유일하게 11대를 역임하면서 장관을 두 번 했기 때문에 장관의 대수(代數)는 47대이나, 실제 장관을 역임한 사람은 46명이다.

그중 국방부 장관 인선은 그 출발부터 좋았다. 한평생을 독립운동에 몸 바쳤던 광복군 출신의 이범석 장관을 초대 국방부 장관에 임명하여 갓 태어난 대한민국 국군으로 하여금 '광복군 정신'을 본받게 한 것이 바로 그것이다. 초대 이범석(李範奭) 장관은 국무총리를 겸하면서 짧은 재임 기간임에도 많은 광복군 출신들을 군에 들어오게 했을 뿐만 아니라, 대한민국 국방을 반석 위에 올려놓았다.

민간인·군인 등 장관의 출신 배경

이후 국방부 장관은 여러 정권을 거치며 하나의 특색을 보이고 있다. 그것은 바로 장관의 출신 배경이다. 이승만 정부에서 국방부 장관은 민간인과 군인 출신이 번갈아가며 했다. 민간인 출신으로는 2대 신성모(申性模), 3대 이기붕(李起鵬), 6대 김용우(金用雨) 장관이 있고, 군 출신으로는 3

대 신태영(申泰英) 장군, 4대 손원일(孫元一) 제독, 7대 김정렬(金貞烈) 장군이 있다. 그런데 장면 정부에서 국방부 장관은 전부 민간인 출신이다. 9대·11대 현석호와 10대 권중돈(權仲敦) 장관이다

하지만 박정희 정부 이후 국방부 장관은 모두 군 출신이 맡았다. 이때 국방부 장관은 대부분 합참의장이나 각 군 참모총장, 그리고 군사령관을 역임한 사람들이 임명됐다. 물론 예외도 있었다. 14대 박병권(朴炳權), 30대 권영해(權寧海), 31대 이병태(李炳台) 장군이다. 이들은 군단장 내지 사단장 출신들이다. 또한 이들 국방부 장관들은 주로 육군 출신이었고, 해·공군과 해병대 출신은 불과 6명뿐이었다. 해군에서는 해군 참모차장을 역임한 39대 윤광웅(尹光雄) 제독과 해군총장을 역임한 45대 송영무(宋永武) 제독이, 공군에서는 총장 출신의 주영복(周永福) 장군·합참의장 출신의 이양호(李養鎬) 장군·총장과 합참의장을 모두 거친 정경두(鄭景斗) 장군이, 해병대에서는 4대 사령관을 역임한 김성은(金聖恩) 장군이 있다. 15대 김성은 장관은 만 5년을 재직함으로써 최장수 장관을 기록된 데 반해, 12대 장도영(張都暎) 장관은 약 2주간 장관직을 수행함으로써 최단명 장관이 됐다.

장관의 막중한 임무

정부 수립 이후 국방부 장관의 임무는 막중했다. 국방부 장관은 동북아의 급변하는 안보 상황에서 한미동맹을 바탕으로 6·25와 같은 전쟁 재발을 방지하고, 자연재해 및 국가재난 시 국민의 군대로서 책임과 역할을 성실히 수행했다. 나아가 통일 역군으로서, 그리고 동북아 지역 안정 및 평화를 위해서도 꾸준히 노력했다. 그런 점에서 지난 세월 동안 국방부 장관들은 60만 대군을 지휘하며 대한민국 안보를 책임진 '국방의 아버지'로서 소임을 다했다.

2. 대한민국 합동참모본부(JCS)의 창설과 변천

"합참의장 40명 배출…최고 군령기관으로 역할 수행"

"24시간 잠들지 않는 대한민국 안보의 최전선"

합동참모본부 청사 전경

대한민국 군령(軍令)을 관장하는 최고군사기관은 합동참모본부(JCS, 이하 합참)이다. 합참은 국방부 예하의 합동부대를 비롯하여 육·해·공군 및 해병대 등 각 군의 작전부대를 통합 지휘하는 대한민국 최고 군령기관으로서 역할을 수행하고 있다.

국군정보사령부 등 주요 핵심부대 통제

합참이 통제하는 주요 합동 및 작전부대로는 국군정보사령부, 육군의 1·3야전군사령부, 제2작전사령부, 특수전사령부, 육군항공작전사령부, 미사일사령부, 수도방위사령부 등이 있고, 해군에는 해군작전사령부, 공군에는 공군작전사령부, 그리고 해병대사령부와 서북도서방위사령부가 있다. 그렇게 볼 때 대한민국의 주요 핵심부대는 거의 망라되었다고 해도 과언이 아닐 것이다.

1949년 국군참모총장·연합참모회의 폐지

그렇지만 64년을 이어온 합참의 역사는 그리 순탄치만은 않았다. 정부가 수립될 때 국방부에는 국군조직법과 국방부직제령에 따라 오늘날 합참의 장 격인 국군참모총장을 두었고, 각 군 간의 원활한 협의를 위해 연합참모회의(聯合參謀會議)를 설치하여 운영했다.

하지만 국군참모총장과 연합참모회의는 1949년 5월 9일 국방부조직의 간소화 방침에 따라 폐지됐다. 이에 따라 국군참모총장은 채병덕 준장이 처음이자 마지막이 됐다. 왜냐하면 그가 제2대 육군총참모장으로 가면서 국군참모총장제가 폐지됐기 때문이다.

6·25전쟁 때는 임시방편으로 정일권 육군총장을 육해공군사령관으로 임명하여 합참의장 역할을 수행하게 했다. 이후에는 임시합동참모회의를 두

어 각 군 총장이 번갈아 가며 맡았다. 이는 제2차 세계대전 때 합참의장 제도가 없었던 미국이 했던 방식이었다. 미국은 제2차 세계대전이 끝난 1947년과 1949년에 합참의장 제도와 합동참모본부를 설치했다. 그런 점에서 6·25전쟁은 미국이 합참을 설치한 후 최초로 지휘한 전쟁이었다.

6·25전쟁 후 1954년 정식 발족

대한민국 합동참모본부는 6·25전쟁이 끝난 후 정식으로 발족됐다. 정부에서는 6·25전쟁이 끝난 후 3군을 통합 지휘할 합동참모회의 및 합동참모본부의 필요성을 절감하고, 그동안 임시체제로 운용되어 오던 '임시합동참모회의'를 정식 기구로 발족하게 됐다.

이는 휴전 이후 제기된 주한미군 감축 문제와 한국군 증강문제를 협의하고, 군령기관으로서 원활한 기능을 수행하기 위해 대통령령으로 합동참모회의를 대통령 직속으로 설치하게 됐다. 그때가 1954년 2월 17일이다. 이때 육군1군단장이던 이형근 중장이 대장(大將)으로 진급하면서 초대 합동참모의장에 임명됐다.

초대 합동참모의장에 이형근 장군

초대 합참의장이 된 이형근(李亨根) 장군은 이승만 대통령으로부터 "JCS는 절대로 미국처럼 국방장관에게 소속시키지 말고 대통령에게 직속시키되, 3군의 작전협의체가 아닌 3군을 지휘하는 기구로 만들게. 국방장관은 군의 행정만을 맡게 하면 될 것 아닌가?"라고 지시했다. 그렇게 해서 최초 합동참모회의는 대통령 직속으로 두게 됐다.

이후 합동참모회의는 연합참모본부 및 연합참모회의로 명칭이 변경됐고, 이에 합참의장도 연합참모본부총장으로 직책명이 바뀌게 됐다. 그때가

1954년 5월 17일이다. 이때 합참이 들어갈 장소가 마땅치 않아서 우선 대통령 집무실과 관저가 있는 경무대(景武臺, 현 청와대) 내의 경무대경찰서를 비우게 하고 합참 청사(廳舍)로 사용하게 됐다.

이후 합참은 안국동과 남산의 중앙정보부 건물을 거쳐 국방부 청사가 있는 용산의 삼각지에 자리 잡게 됐다. 출범 당시 합참의장 밑에는 본부장, 작전부, 정보부, 후방부, 그리고 필요한 부속기관이 있었다. 초대 본부장에는 국무총리를 역임한 강영훈(姜英勳) 육군 소장이 맡았다.

박정희 정부 때부터 대통령 직속서 국방부장관 지휘감독 체제로

합참이 오늘날과 같은 체제를 갖추게 된 것은 박정희(朴正熙, 1917－1979, 육군 대장 예편, 제5·6·7·8·9대 대통령 역임) 정부 시절부터였다. 이때 합참은 대통령 직속에서 국방부 장관의 지휘·감독을 받게 됐고, 명칭도 연합참모본부에서 연합참모국을 거쳐 합동참모본부로 바뀌었다. 그 과정에서 직책명칭도 연합참모본부총장에서 연합참모회의의장을 거쳐 합동참모의장으로 바뀌게 됐다. 그에 따라 합참조직도 합참의장 밑에 합동참모본부장과 대간첩본부장을 두고, 예하에 인사기획국, 전략정보국, 작전기획국, 군수기획국, 행정실을 둔 국(局)·실(室) 체제로 출범했다. 이른바 국방부본부의 초기 조직처럼 국·실장 체제였다.

그러다 1988년 국방태세발전방향(일명 818계획)에 따라 1990년대에는 합참의장 밑에 3명의 차장, 4개 본부(전략·정보·작전·지원), 5개 실(지휘통제통신·전비태세검열·민사심리·군사연구·비서실)로 확대됐다. 이어 2명의 차장, 3개 본부(전략·정보·작전), 4개 참모부(인사기획·군수기획·지휘통신·민사심리전), 4실 체제로 바뀌었다.

이후 합참은 1명의 차장, 4개 본부(정보·작전·전략기획·군사지원), 14개부, 17개 실 체제를 갖추게 됐다. 이른바 합참의장–차장–본부장–부장 및 실장으로 연결되는 체제였다. 이때 합참이 지휘 통제할 합동 및 작전부대도 대폭 늘어났고, 합참 부대기(部隊旗)도 다시 제작되어 오늘에 이르고 있다.

군 서열 1위인 합동참모의장이 수장

합참의 수장(首長)은 군 서열 1위인 합동참모의장이다. 합참의장은 대장(大將)계급의 각 군 총장이나 육군 야전군사령관 또는 연합사부사령관에서 보임됐다. 하지만 초창기에는 중장(中將)에서도 나왔다. 3대 유재흥(劉載興) 장군과 5대 최영희(崔榮喜) 장군이다. 합참의장은 초대 이형근(李亨根) 육군 대장부터 2020년 현재 원인철(元仁哲) 공군 대장까지 42대에 걸쳐 40명이 나왔다. 김종오(金鍾五) 장군이 6·7·8대를 역임하며 5년간 최장수 합참의장으로 재직했기 때문이다.

역대 38명의 합참의장 중 육군이 36명으로 가장 많고, 해군 1명, 공군 3명이다. 해군은 총장을 역임한 38대 최윤희(崔潤喜) 제독이 있고, 공군은 총장 출신의 25대 이양호(李養鎬) 장군·40대 정경두(鄭景斗) 장군·42대 원인철(元仁哲) 장군이 있다. 육군에서는 육군사관학교 출신이 23명으로 가장 많고, 창군 원로를 배출한 군사영어학교가 7명으로 그다음이다. 갑종 출신은 21대 오자복(吳滋福)·23대 정호근(鄭鎬根)·29대 조영길(曺永吉) 장군 등 3명이고, 학생군사교육단(ROTC)에서는 28대 김진호(金辰浩) 장군과 41대 박한기 장군 등 2명이 있고, 육군3사관학교에서는 39대 이순진 장군을 배출했다.

그렇게 보면 해병대에서만 아직 합참의장을 배출하지 못했다. 미국처럼 우리 해병대에서도 합참의장이 나오기를 기대해본다. 특히 40명의 합참의장 중 무려 16명이 국방부 장관으로 영전했다. 약 절반에 가까운 40%가 장관이 됐다. 이는 합참의장의 위상이 높아지고, 군사 경험과 지식이 그만큼 필요해졌다는 반증(反證)일 것이다.

3. 대한민국 육군본부 창설과 변천

육군을 관장하는 최고의 군사기관

대한민국 육군본부는 '50만 대군'의 육군을 관장하는 최고의 군사기관이다. 그 정점에는 육군 총수인 대장계급의 육군참모총장이 버티고 서 있다. 정부 수립 이후 육군본부는 국군조직법과 국방부직제령에 의해 탄생했다.

창설 초기 육군본부 직제는 매우 단순했다. 육군총장 밑에 참모차장 격인 작전참모부장과 행정참모부장이 있고, 그 아래에 국장과 실장이 책임자로 있는 국(局)·실(室)이 있었다. 이때 작전참모부장은 주로 일반참모부에 해당하는 인사, 정보 작전, 군수 분야를 통제했고, 행정참모부장은 특별참모부에 해당하는 재무, 법무, 감찰, 정훈, 의무, 병기, 병참, 통신, 헌병 분야를 총괄했다. 이후에는 총장-차장-참모부장-처장 체제로 완성됐다.

육군본부가 있는 계룡대 정문 입구. 육군본부는 1989년 계룡대로 이전하면서 3군본부 계룡대 시대를 열었다.

휴전 후 육군총장 임기 2년으로

6·25전쟁이 터지면서 육군총장이 계엄사령관을 겸하면서 계엄사령부를 별도 편성하게 됐고, 여기에 계엄업무를 담당하는 민사부(民事部)가 설치됐다. 이때 육군본부도 1명의 육군참모차장을 두게 됐고, 참모차장이 작전참모부장과 행정참모부장을 지휘 통제하는 체제를 갖추게 됐다.

그러다 휴전이 되면서 계엄사령부가 해체되자, 민사부가 육군본부의 정식부서로 발족되면서 육군본부는 참모차장 밑에 민사부, 행정참모부, 기획참모부의 3부 체제를 갖추게 됐다. 이 무렵 들쑥날쑥하던 육군총장의 임기를 2년으로 규정하고, 1차에 한해 중임할 수 있도록 대통령령으로 정했다. 그때가 휴전 직후인 1953년 10월 17일 상황이다.

창설 초기 육군총장은 직접 예하 부대 최고 작전부대인 사단을 지휘 통제했다. 당시 육군의 야전 최고 단위부대는 사단이었다. 그러다 보니 육군 총장의 지휘 폭은 매우 넓었다. 6·25전쟁 초기 미8군사령부가 고급제대 사령부인 군단이 없이 직접 사단을 지휘한 것이나 마찬가지였다. 육군본부도 6·25전쟁 이후 중간제대 고급사령부인 군단을 창설함으로써 비로소 육군 총장의 지휘에 융통성을 발휘하게 됐다. 6·25전쟁을 거치면서 육군은 1군단, 2군단, 3군단을 갖추게 됐다.

6·25전쟁 발발 후 육군본부는 전황에 따라 각지를 전전했다. 최초 서울 용산 삼각지에서 시흥보병학교, 수원 농업시험소, 대전의 충남도청을 거쳐 대구로 이전했다. 육군본부는 그곳에서 미8군사령부와 함께 작전을 지도하며 6·25전쟁을 수행했다. 휴전 후 육군본부는 서울 용산으로 올라왔다가 1980년대 후반 현재의 계룡대로 정착하게 됐다. 이른바 3군 본부의 계룡대 시대의 개막이었다.

총장 명칭, 육군총사령관→육군총참모장→육군참모총장

육군총장의 명칭은 다양했다. 미 군정기에는 남조선국방경비대총사령관을 시작으로 조선경비대총사령관으로 불렀다가, 정부 수립 후에는 육군총사령관과 육군총참모장, 그리고 최종적으로 육군참모총장으로 바뀌었다. 그때가 1954년 6월 1일이었다. 초대 육군총장인 이응준(李

계룡대에서 열린 육군본부 현판식 모습(1989년 7월 22일). 오른쪽은 이종구 육군참모총장.

應俊) 장군은 4대 육군총사령관으로 있다가 국군조직법과 국방부직제령이 공포되면서 초대 육군총참모장이 됨으로써 같은 직책을 수행하면서 두 개의 직책을 갖게 됐다.

창설 초기 육군본부는 군정과 군령권을 행사했다. 하지만 합참이 군령권을 전격적으로 행사하게 되면서, 육군본부는 국방부로부터 위임된 일부 군정권과 양병(養兵) 및 군수지원 분야만 담당하게 됐다. 그만큼 권한이 축소된 셈이다. 그럼에도 육군본부는 여전히 육·해·공군의 3군 가운데 가장 많은 병력 수를 갖고 있는 대군(大軍)일 뿐만 아니라, 이들을 지휘하는 육군 간부에 대한 진급과 보직이 포함된 막강한 인사권을 행사하고 있다.

육군총장은 초대 이응준 장군부터 2020년 현재 49대 남영신 대장에 이르기까지 46명의 총장을 배출했다. 이는 채병덕(蔡秉德, 2·4대) 장군과 정일권(丁一權) 장군(5·8대) 그리고 백선엽(白善燁) 장군(7·10대)이 총장을 두 번씩 역임했기 때문이다.

그중에서 정일권 장군은 총장을 마친 후 미국 지휘참모대학을 졸업하고 나서 육군 중장 계급을 달고 사단장에 보임되면서 세인의 주목을 끌었다. 이때 중공군은 총장 출신의 사단장을 망신 줄 목적으로 국군2사단이 맡고 있는 저격능선 지역을 집중공격했으나 실패했다. 초대 이응준 장군은 최초 대령에서 총장이 됐다가 준장으로 진급하고 총장 퇴임할 때는 소장으로 나온 특이한 기록을 세웠다.

육군총장 46명 중 최장수 총장은 3년 10개월을 재직한 21대 이세호(李世鎬, 1925-2013) 장군이다. 반면 최단임 총장은 4대 채병덕 장군으로 2개월이다. 그는 6·25전쟁 책임을 지고 2개월 만에 해임됐다. 총장 임명 시 가장 젊은 총장은 32세의 백선엽 장군이었고, 가장 많은 나이로 총장에 임명된 사람은 3대 총장을 역임한 58세의 신태영(申泰英, 육군 중장 예편, 국방부장관 역임) 장군이다. 백선엽 장군은 준장 진급 2년 7개월 만에 대장으로 진급하는 진기록을 세우기도 했다. 그만큼 능력이 출중했다.

1960년대 후반, 육사 출신 총장 시대 개막

시대의 흐름에 따라 총장에 임명될 당시 연령도 점차 고령화됐다. 대체로 이승만 정부하에서 군사영어학교 출신들은 30대에 총장이 됐으나, 박정희 정부에서는 40대 초반에 총장이 됐다.

육군사관학교 출신들은 1960년대 후반에 총장이 됐다. 육사 첫 번째 총장은 1기생인 서종철 대장이다. 그는 1969년 9월 1일 제19대 육군총장에 임명되었다. 이때부터 육군사관학교의 총장 시대가 열렸다. 총장의 나이도 50대로 껑충 뛰었다. 그러다 32대 도일규(都日圭) 총장부터 50대 후반으로 훅 올라갔다. 그때부터 총장 취임의 평균 연령은 57세였다.

남영신 대장…2020년 ROTC 출신 첫 총장 임명

총장의 임관 출신별로는 육군사관학교 출신이 30명으로 가장 많고, 창군 원로들을 배출한 군사영어학교가 13명으로 그다음이다. 이외에 특별임관(特別任官) 2명이 있다. 3대 신태영 장군과 6대 이종찬(李鍾贊) 장군이다. 그들은 이범석 국방부 장관의 배려로 사관학교를 거치지 않고 바로 임관했다. 그야말로 특별임관이다. 그리고 학생군사교육단(ROTC) 출신 총장이 2020년 최초로 배출됐다. 49대 남영신(南泳臣) 대장이다.

그럼에도 3명의 합참의장을 배출한 갑종장교는 물론이고, 합참의장 1명을 배출한 육군3사관학교에서는 아직 육군총장을 배출하지 못했다. 앞으로 육군3사관학교나 학사 장교 출신의 총장도 기대해본다. 그렇게 될 때 육군의 균형 있는 발전과 국방개혁에도 도움이 될 것이다.

4. 대한민국 해군본부 창설과 변천

"손원일 제독 등 총장 34명 배출…대양해군 웅지를 펼치다"

육군본부와 공군본부에 이어 마지막으로 계룡대에 합류한 해군본부(1993년 6월)

대한민국 해군본부는 충무공의 후예들인 바다의 사나이들을 호령하는 최고의 군사기구이다. 그 정점에는 해군 대장계급의 해군총장이 위치하고 있다. 해군본부는 대한민국 정부 수립 이후 공포된 국군조직법과 국방부직제령에 의해 창설됐다. 이들 국방법령은 1948년 11월과 12월에 각각 발표됐다.

해군본부 5국 6실로 창설…1949년 개편

창설 초기 해군본부는 육군본부에 비해 매우 단출했다. 해군총장 밑에 참모차장 격인 참모부장이 1명 있었고, 그 아래에 국(局)과 실(室)이 있었다. 국에는 인사교육국, 작전국, 함정국, 경리국, 호군국 등 5개 국이 있었고, 실에는 정보감실, 병기감실, 의무감실, 헌병감실, 법무감실, 감찰감실 등 6개 실이 있었다. 육군의 초창기 5국 11실에 비하면 한참 못 미치는 조직이었다.

이후 해군본부는 대폭 개편됐다. 그때가 1949년 6월이었다. 6·25전쟁이 발발 1년 전의 상황이었다. 손원일(孫元一) 해군총장은 해군본부의 업무와 기능을 효율적인 조직으로 만들기 위해 개편을 단행했다.

참모차장 격인 참모부장을 두 명이나 뒀다. 작전참모부장과 행정참모부장이다. 작전참모부장 밑에 작전국, 함정국, 정보감실, 통신감실, 병기감실을 두고, 행정참모부장 아래에는 인사국, 경리국, 호군국, 교육감실, 법무감실, 감찰감실, 헌병감실, 정훈감실, 시설감실, 의무감실, 총무실 등을 두었다. 16개 국실을 두는 대폭적인 개편이었다.

개편된 해군본부의 특징은 용병과 행정 및 지원 분야를 분리한 것이었다. 작전참모부장에게는 주로 용병과 군사력 건설에 해당하는 작전·정보·통신·무기 분야를 통제하게 했고, 행정참모부장에게는 주로 행정과 지원 분야를 전담케 했다. 이로써 해군본부는 업무의 다변화를 꾀하면서 조직을 체계적으로 갖추게 됐다.

6·25전쟁 발발하자 전시체제로 전환

6·25전쟁이 발발하자 해군본부는 전시체제로 전환했다. 해군본부를 해군작전본부로 개편하면서 전시에 적합한 기구로 대폭 축소했다. 참모부장을 1명으로 줄이고, 교육감실을 인사국 교육과로, 각 국을 부(部)로, 각 감실(監室)을 담당관제로 개편하고, 감찰감실은 폐지했다. 전시에 적합한 체제로 만들었다. 그리고 해군본부를 서울에서 해상작전이 용이한 부산으로 옮겼다.

전선이 어느 정도 안정되자 해군본부를 다시 개편했다. 해군본부를 일반참모부와 특별참모부로 나눴다. 특히 특별참모부는 담당관제로 바꾸고, 정훈관 직책을 신설했다. 해군 장병들의 정신무장을 고취하기 위해서다. 일반참모부에는 인사참모, 작전참모, 정보참모, 군수참모를 뒀고, 특별참모부에는 재무관, 법무관, 통신관, 함정관, 항무관(航務官), 병기관, 의무관,

손원일 초대 해군참모총장에게 훈장을 수여하고 있는 이승만 대통령(1955년 11월 3일)

정훈관을 됐다. 1950년 8월 말 상황이다. 이때는 인천상륙작전을 앞둔 긴박한 시기였다.

해군본부는 전쟁 중 계속 조직을 개편해 나갔다. 그 과정에서 일시적으로 총장–참모부장–감실 체제로 전환했다가 1953년 5월 종전을 앞두고 총장–참모차장–3부장 체제로 바꿨다. 3부장은 작전·행정·후방참모부장이다.

이때부터 해군본부는 총장–참모차장–부장 체제를 유지하게 됐다. 이후 부장의 자리가 늘어났다. 인사·정보·작전·군수·관리참모부장의 5부장 체제로 발전했다. 이즈음 각 군 본부도 총장–참모차장–5부장 체제를 도입하여 운영하게 됐다. 그때는 각 군 본부가 군정권과 군령을 행사하고 있을 때였다.

육·해·공군본부의 계룡대 시대

그러다 818계획에 따라 합동참모본부가 군령권을 행사를 전담하게 되면서 해군본부도 각 군 본부처럼 국방부로부터 위임된 제한된 군정권과 인사권 및 양병 분야에 대한 권한만 행사하게 됐다. 그리고 전란을 맞이하여 서울과 부산 그리고 다시 서울로 옮겨 다니던 해군본부가 각군 본부 중 마지막으로 계룡대로 이전하면서 육해공군본부의 계룡대 시대를 마무리 짓게 됐다.

정부 수립 이후 70년 세월 동안 대한민국 해군 총수(總帥)인 해군총장은 모두 34명이 배출됐다. 초대 손원일 제독부터 2020년 현재 34대 부석종 제독까지가 그들이다. 해군에서는 육·해·공군 중 유일하게 총장이 중임하거나 연임한 분이 없다. 해군은 출발부터 매우 안정된 가운데 출발했다. 그리고 튼튼한 기반을 다졌다. 거기에는 초대 해군총장 손원일 제독이 있었다.

초대 손원일 제독은 4년 9개월 동안 해군총장을 역임하면서 해군의 기반을 공고히 닦았다. 그 공로를 인정하여 해군에서는 손원일 제독을 '해군의 아버지'로 떠받들고 있다. 거기에 부인인 홍은혜(洪恩惠) 여사도 한몫했다. 두 분의 해군 사랑은 남달랐다. 손원일 제독이 열악한 가운데 해군을 탄생시켜 해양 대군(大軍)으로 성장시키는데 기여했다면, 홍은혜 여사는 그런 부군(夫君)을 크게 내조했다. 전쟁 이전 전투함 구입을 위해 해군부인회를 통해 성금을 모으고, 해군을 대표하는 '바다로 가자'를 작곡했다. 이 노래는 이은상(李殷相) 선생의 가사에 곡을 붙인 것이다.

6대 이맹기 제독부터 '해사 총장 시대'

역대 34명의 해군총장은 크게 해군사관학교(이하 해사)를 나온 사람과 해사(海士)를 나오지 않은 사람으로 구별된다. 해사 출신이 아닌 총장은 초대부터 5대 총장까지다. 이들은 특별임관과 해군후보생특별교육대를 나온 특교대(特敎隊) 출신이다.

1962년 해사 1기인 이맹기 제독이 6대 총장이 되면서 '해군사관학교 총장 시대'가 열렸다. 해군총장도 처음에는 중장이었다가 8대 김영관(金榮寬) 총장부터 대장이 됐다. 해군총장 중 최장수기록은 11대 황정연(黃汀淵) 제독으로 5년 2개월이고, 최단임 총장은 26대 송영무(宋永武) 제독으로 1년 4개월이다. 국방부 장관이 된 해군총장은 초대 손원일과 26대 송영무 등 2명이고, 합참의장은 덕장으로 이름난 최윤희(崔潤喜) 제독이 유일하다.

해군개혁을 단행한 5대 이성호 제독

해군은 흔히 두 총장 때문에 크게 발전했다고 한다. 초대 손원일 총장은 창군초기와 6·25전쟁의 특수한 상황에서 해군의 기틀을 마련하여 해군의 존재감을 크게 부각시킨 공로가 있다. 5대 이성호(李成浩) 제독은 준장에서 총장이 됐다. 34세였다. 해군 역사상 전무후무한 기록이다. 총장이 되자 그는 특유의 강단으로 제도개선과 능력 있는 인재들을 과감히 기용하여 '해군개혁'을 단행했다. 그런 해군이 이제는 총장을 중심으로 대양해군의 웅지를 펼치고 있다. 그러기까지에는 역대 해군총장들의 공로가 결코 적지 않았다. 국민들과 함께 기대가 크다.

5. 대한민국 공군본부 창설과 변천

역대 총장 37명 중심으로 조국 영공수호 '힘찬 비상'

서울 대방동 시절 공군본부 전경(1989년 6월)

대한민국 공군본부는 조국의 영공(領空)을 수호하는 보라매들의 최고 지휘부다. 공군본부는 육군본부와 해군본부에 비해 1년 늦게 창설됐다. 그때가 1949년 10월 1일이다.

최초 공군본부는 국방부 항공국과 육군항공사령부를 통합하여 국방부에서 창설됐다. 초대 공군총장은 김정렬 대령이었다. 공군본부 창설로 대한민국은 육해공군의 3군 시대를 맞이하게 됐다.

1949년 대통령령으로 공군본부직제령으로 설치

공군본부는 1949년 10월 1일 공포된 대통령령 제254호인 공군본부직제령(職制令)에 의해 설치됐다. 정부 수립 이후 제정된 국군조직법과 국방부 직제령에는 공군본부 설치규정이 없었다.

창설 당시 공군본부에는 총참모장과 참모부장 밑에 일반참모부와 특별참모부를 뒀다. 일반참모부에는 인사·정보·작전·군수국 등 4개 국(局)이었고, 특별참모부에는 고급부관실·재무감실·법무감실 등 3개 실(室)을 뒀다. 7개 국실의 작은 조직이었다. 창군 초기 육군본부 및 해군본부 편제와 흡사했다.

이후 공군본부는 공군 장병들의 정신무장을 위해 정훈감실을 설치했고, 예하에는 헌병대를 신설했다. 6·25전쟁 발발로 공군본부는 전시체제로 돌입과 동시에 조직을 개편했다. 공군작전지휘소를 여의도비행장으로 옮기고 공군작전을 지휘했다. 이어 공군작전사령부와 병참감실을 설치했다.

전황이 급박해지자 공군본부를 서울에서 수원과 대전을 거쳐 대구로 이전했다. 그리고 공군본부에 감찰감실, 일반참모비서실, 휼병감실(恤兵監室)을 설치했다. 전쟁을 지휘하고 유지하는데 필요한 부서였다.

6·25전쟁 발발로 조직 개편

전쟁이 진행됨에 따라 작전 및 행정수요가 크게 늘어나자, 공군본부도 이에 맞춰 조직을 개편했다. 총장 밑에 일반참모들을 관장하는 작전참모부장과 특별참모를 감독하는 행정참모부장을 뒀다. 참모차장이 2명이 됐다.

작전참모부장 밑에는 인사·정보·작전·군수·경리국을 뒀고, 행정참모부장 밑에는 일반참모비서실·고급부관실·법무감실·정훈감실·의무감실·휼병감실을 뒀다. 5국 7실의 12개 국·실로 확대됐다. 육군 및 해군본부 편제와 비슷해졌다. 그때가 1951년 7월 상황이었다. 휴전회담이 열리면서 개성에서는 회담을, 전선에서는 전투를 하고 있을 때였다.

1980년대 말 계룡대로 이전

전쟁이 끝나자 공군본부는 총장–참모차장–부장–국·실장 체제로 개편됐다. 참모차장 밑에 작전참모부장에서 명칭이 바뀐 기획참모부장과 행정참모부장이 있었다. 그 밑에 5개 국과 8개 실을 뒀다. 이후 부장 체제가 강

공군본부 계룡대 이전 보고회(1989년 6월 30일)에서 김정렬(왼쪽 앞) 장군과 정용후 공군참모총장의 부대 열병

화되면서 기획관리·인사·작전·정보·군수참모부장 체제로 확대됐다.

이때부터 공군본부는 총장–참모차장–부장 체제를 유지했다. 그리고 공군본부도 전쟁이 끝난 후 대구에서 서울로 올라와 1980년대 말 육군본부와 함께 계룡대로 옮겼다. 이후 해군본부의 이전으로 3군 본부의 계룡대 시대가 열렸다.

초대 김정렬 총장부터 현재 이성용 총장까지

정부 수립 이후 70년 세월 동안 대한민국 공군 총수(總帥)인 공군총장은 모두 37명이 배출됐다. 초대 김정렬(金貞烈) 총장부터 2020년 현재 38대 이성용(李成龍) 총장까지이다. 초대 김정렬 총장은 2대 최용덕(崔用德) 총장에 이어 3대 총장이 됐다. 광복군 출신의 2대 최용덕 장군은 초대 국방부 차관을 역임하고, 2대 총장이 되면서 6·25전쟁 후반의 공군작전을 지휘했다.

역대 37명의 공군총장은 크게 간부후보를 뜻하는 간후(幹候) 출신과 공군사관학교 출신으로 나뉜다. 초대부터 13대까지가 간부 후보 출신이다. 그중 5대 김창규(金昌圭) 총장만 현지입대인 현입(現入) 출신이다.

간부 후보 출신의 대부분 공군 총장들은 6·25전쟁에서 맹활약을 했던 조종사 출신들이었다. 그중 김구(金九, 1976–1949) 선생의 아들인 6대 김신(金信) 총장, 7대 장성환(張盛煥) 총장, 10대 김성룡(金成龍) 총장, 11대 김두만(金斗萬) 총장, 12대 옥만호(玉滿鎬) 총장, 13대 주영복(周永福) 총장은 6·25전쟁에 참전한 공군의 원로들이다.

공군사관학교 출신의 첫 총장은 14대 윤자중(尹子重) 공군 대장이다. 공군창설 이후 30년 만의 일이다. 윤자중 총장은 1979년 4월에 취임했다. 그때부터 공군사관학교 출신의 총장 시대가 열렸다. 그로부터 약 40년의 세월이 흘렀다. 적지 않은 세월이다.

　그 세월 동안 공군총장 중에서 국방부 장관 3명과 합참의장 2명을 배출했다. 초대 김정렬 총장이 7대 국방부 장관에, 13대 주영복 총장이 22대 국방부 장관에, 그리고 21대 이양호(李養鎬) 총장이 32대 국방부 장관에 올랐다.

　합참의장에는 21대 이양호 총장이 25대 합참의장에, 35대 정경두(鄭景斗) 총장이 40대 합참의장, 37대 원인철(元仁哲) 총장이 42대 합참의장이 됐다. 그 가운데 합참의장을 거쳐 국방부 장관에 오른 총장은 이양호 대장과 정경두 대장의 2명이다.

초기 타 군 비해 총장 계급 낮고 규모도 작아

　그러다 보니 이양호 총장은 재직 중 합참의장에 발탁되면서 역대 총장 중 가장 짧은 8개월을 재직했다. 반면 최장수 총장은 13대 주영복 장군으로 4년 8개월을 역임했다. 김정렬 총장은 1·3대 총장을 합쳐 4년 2개월을 재직하면서 최용덕 장군과 함께 공군의 기초를 닦았다. 두 총장은 가장 힘들고 어려웠던 6·25전쟁을 통해 공군을 비약적으로 발전시켰다. 이때 공군에서는 최초로 F-51 전투기를 도입해 운용하게 됐다. 6·25전쟁 초기의 일이다.

　특히 초대 김정렬 총장은 공군이 육군에서 뒤늦게 독립한 관계로 어려움이 많았다. 육·해·군 총장이 소장 계급일 때 김정렬 총장은 대령이었다. 그러다 보니 총장 사이에 계급도 제일 낮았고, 규모도 타 군에 비해 훨씬 작았던 시절이었다. 김정렬 총장은 6·25전쟁 직전 준장으로 진급했다가 6·25전쟁이 나면서 소장을 거쳐 중장으로 승진했다. 그때서야 각 군 총장과 같은 중장 반열에 올랐다.

10대 김성룡 총장부터 '총장 대장 시대'

그러다 1953년 1월 백선엽(白善燁) 육군총장이 대한민국 최초로 대장(大將)으로 진급하면서 총장의 계급 서열이 다시 깨졌다. 해·공군 총장이 대장으로 진급한 것은 그 뒤 한참 뒤였다. 그때가 1969년이다. 9대 장지량(張志良) 공군총장의 기지(奇智)에 의해서다.

장지량 총장이 "육군은 조직이 크다고 해서 총장이 대장이고, 해공군은 작다고 총장이 중장인 것은 맞지 않다"고 박정희(朴正熙) 대통령에게 건의해 받아들여졌다. 그에 따라 공군에서는 10대 김성룡 총장부터 대장이 됐다.

이때 해군총장도 대장이 됐다. 3군 총장의 대장 시대가 열렸다. 그 과정에서 공군의 역할이 컸다. 그런 점에서 공군에 대한 국민들의 기대가 크다. 이제까지 대한민국 영공을 지켜온 '하늘의 불침번'처럼 앞으로도 공군총장을 중심으로 조국의 영공 수호에 만전을 기해주길 기대한다.

6. 대한민국 해병대사령부 창설과 변천

"역대 사령관 35명 중심으로 단결"

"팔각모 정신의 '제4군' 위상 구축"

대한민국 해병대사령부는 팔각모(八角帽)와 빨간 명찰을 달고 야성미를 힘껏 뿜어대는 해병대의 최고사령탑이다. 해병대사령부는 정부 수립 이후 여순·19사건을 겪으며 상륙작전의 필요성이 제기됨에 따라 1949년 4월 15

해병대사령부 재창설식 기념행사(1987.11.1.)

일 창설됐다. 그러나 해병대사령부 창설의 법적 근거는 대통령령 제88호로 공포된 '해병대령(海兵隊令)'에 뒀다. 그때가 1949년 5월 5일이다. 그렇게 보면 해병대는 창설을 먼저 해놓고 법적 승인을 받은 셈이다.

1949년 4월 15일 '해병대사령부' 창설

해병대령에 의하면 해병대는 해군에 속하고, 해병대 수장(首長)은 해군 참모총장의 지휘를 받는 해병대 사령관이었다. 해병대는 해상작전에 의한 상륙작전을 주로 담당하되, 필요 시 지상 전투에도 참가했다. 그러니까 해상과 육지에서 수륙양면(水陸兩面) 작전을 수행하는 전략기동부대였다.

해병대사령부는 출범 당시 대대급 규모를 지휘하는 작은 조직이었다. 그럼에도 해병대사령부는 고급사령부의 면모를 갖췄다. 규모는 작았으나 사령관과 참모장 밑에 인사·정보·작전·군수·법무·재무·의무참모부 등 7개 부서를 뒀다.

그러다 조직이 점차 커지자 통신·수송·시설참모부를 신설했다. 그때쯤 해병대 규모도 연대급으로 확충됐다. 그 무렵 부대도 제주도로 이전했다. 6·25전쟁 발발 1년 전의 일이다. 그 때문에 해병대사령부는 제주도에서 전쟁을 맞았다.

대대급 규모로 출발···6·25전쟁 후 확대

6·25전쟁이 터지자 해병대는 급속도로 발전했다. 덩달아 해병대사령부도 확대 개편됐다. 사령관과 참모장 밑에 인사·정보·작전·후방국 등 4국(局)과 통신·헌병·의무·재정·정훈참모부 등 5개 참모부를 뒀다. 외형적으로는 각 군 본부에 버금가는 체제였다. 사령관-참모장-국 및 참모부로 연결됐다. 전쟁을 통해 해병대사령부는 점차 고급사령부의 모습을 갖춰 나갔다.

전쟁이 끝날 무렵 해병대사령부는 부사령관 제도를 채택했다. 참모부도 인사·정보·작전교육·군수국의 4개 국(局)을 둔 일반참모부와 재무감실·정훈감실·법무감실·보급감실·통신감실·수송감실·병기감실·공병감실·헌병감실·의무감실·군목실의 11개 실(室)을 둔 특별참모부로 나뉘었다. 이후 육·해·공군본부와 같은 비슷한 체제로 개편됐다. 사령관과 부사령관 밑에 참모장을 두고, 그 밑에 작전참모부장과 기획참모부장을 뒀다. 부장 밑에는 인사·정보·작전교육·군수국 등 4개 국과 기획감실 등 14개 감실을 두는 거대한 조직으로 확대됐다.

해병대사령부의 조직이 이처럼 확대 개편된 데에는 2가지 이유가 있었다. 하나는 해병대 조직이 그만큼 커졌고, 다른 하나는 해병대 사령관의 위상이 높아졌다는 것이다. 6·25전쟁을 거치면서 해병대 사령관의 계급이 각군 본부의 총장과 같은 중장(中將)이 됐다. 당시 육군총장도 백선엽·정일권·이형근 대장 이후에는 중장이었다. 그런 연유로 해병대사령부는 육·해·공군본부 다음의 '제4의 본부'가 됐다.

'사령관 없는 해병대 시대' 시련도

그런 해병대사령부도 커다란 시련을 겪었다. 그것은 해병대사령부가 해체되어 해군본부에 통합된 일이었다. 해병대에게는 최대의 충격이었다. 1975년의 일이다. 그 결과 해병대 사령관 직책이 없어지고, 해군 제2 참모차장이 이를 대신했다.

이는 1971년 미군 철수에 따른 정부의 조치였다. 당시 정부는 군을 경제적이면서 효율적으로 운영하기 위해 그런 조치를 취했다. 제9대 이병문 해병사령관 때이다.

이후 해병대는 존재하지만 '사령관이 없는 해병대 시대'가 13년간 계속됐다. 그러다 1987년 11월 박구일 중장 때 다시 해병대사령부가 재창설되면서 제자리를 찾게 됐다. 해병대는 최대의 위기를 극복하고 다시 출범했다.

'8계 엄수' '무적해병' 뜻하는 팔각모

해병대의 정신은 여덟 개로 각이 잡힌 팔각모에 깃들여 있다. 최초 팔각모는 미국 해병대의 팔각모에서 본떠왔다. 미국 해병대의 팔각모에는 깊은 역사가 담겨 있다. 미 해병 역사상 가장 치열했던 전투가 태평양전쟁 막바지에 벌어진 이오지마(硫黃島)전투였다.

미 해병대는 난공불락의 요새라고 알려진 이오지마를 8번의 상륙작전 끝에 점령했다. 그 과정에서 미 해병군단장이 전사했다. 치열한 격전이었다. 미 해병대는 이것을 잊지 않기 위해 팔각모를 쓰게 됐다. 7번 실패하고 8번째 성공한 이오지마전투를 기억하기 위해서다.

한국 해병대도 팔각모를 썼다. 해병대의 팔각모는 미국 해병대의 7전8기

해병대1사단 본관 앞에 있는 '5인의 해병충혼탑'에서 참배하고 있는 해병대 장병들

정신보다 뜻이 더 깊다. 신라 화랑도의 세속5계(五戒)에 3가지 금기사항을 더해 8계(八戒)를 만들어 팔각모로 탄생시켰다.

팔각모를 통해 8계를 엄수하자는 의미다. 해병대가 목숨처럼 준수하는 8계는 "국가에 충성하라, 부모에 효도하라, 벗에게 믿음으로 대하라, 전투에서 후퇴하지 마라, 뜻 없이 죽이지 마라, 욕심을 버려라, 유흥을 삼가라, 허식을 삼가라!"이다. 해병대는 이런 팔각모에 "지구상 어디든지 가서 싸우면 승리하는 해병대"라는 의미를 추가했다. 무적해병의 후예다웠다.

초대 신현준 사령관부터 이승도 사령관까지

해병대는 70년의 역사를 자랑하고 있다. 초대 신현준 사령관부터 2020년 현재 35대 이승도 사령관까지이다. 해병대는 초대 신현준, 4대 김성은, 6대 공정식(孔正植) 사령관에 의해 그 기틀을 마련하고, 오늘날의 해병대 체제를 갖추게 됐다.

역대 해병대 사령관은 중장 계급이었지만 한때 대장(大將) 시대도 있었다. 7대 강기천(姜起千)·8대 정광호(鄭光鎬)·9대 이병문(李丙文) 대장이 그들이다. 또 4대 김성은 사령관은 5년간 국방부 장관을 재직하면서 최장수 장관 기록을 세웠다. 해병대의 자랑이었다. 특히 30대 유낙준 사령관부터 해병대 사령관이 서북도서방위사령관을 겸하면서 그 위상이 높아졌다.

미국 해병대처럼 사령관 위상 달라져야

하지만 미국과 달리 아직 해병대 출신의 합참의장이 없다. 앞으로 해병대 출신의 합참의장은 물론이고, 지상군구성군사령관을 겸하는 연합사 부사령관도 기대해볼 만하다. 해병대는 역대 해병대 사령관을 중심으로 가장 단결이 잘 되고, 전투력이 뛰어난 부대로 정평이 났다. 이는 6·25 때 얻은

'귀신 잡는 해병'과 '무적해병'이 입증하고 있다.

오늘날 해병대는 수도권 및 서북도서방위뿐만 아니라 해상전략기동부대로 입지를 굳히고 있다. 그런 점에서 해병대는 이제 '제4군'으로서의 위상뿐만 아니라 군의 중추 세력으로 자리를 굳혔다. 이를 뒷받침하기 위해서는 해병대 사령관의 위상도 달라져야 한다. 그렇게 될 때 해병대도 미국 해병대처럼 해상전략기동부대로서 그 역할과 임무를 수행하게 될 것이다.

7. 역사 속으로 사라지는 육군 1·3군사령부와 지상작전사령부 출범

국토방위 최전선 철통방어…지작사로 '제2의 창군'

　2018년 12월 31일 대한민국의 지상 작전을 책임졌던 육군의 부대구조에 커다란 지각변동이 일어나게 됐다. 그것은 바로 휴전선 전체를 포함해 경기도 지역을 책임지게 될 '지상작전사령부'(지작사)의 창설이다. 이에 따라 전방방어 임무를 책임졌던 1군사령부와 3군사령부가 그 임무를 종료하고 역사 속으로 사라지게 됐다. 국방역사에서 많게는 65년(1군사령부 기준), 짧게는 45년(3군사령부 기준)이 된 시점이다. 그런 점에서 지상작전사령부의 창설은 '제2의 창군'이라 할만하다.

　육군 1군사령부와 3군사령부는 대한민국 국토방위의 최전선을 책임지고 있던 최고의 야전군사령부였다. 1군사령부는 중동부전선과 동부전선을, 3군사령부는 서부전선과 중부전선을 책임져 왔다. 1·3군사령부는 후방의 2작전사령부와 함께 대한민국 국토를 실질적으로 수호해 온 최고 야전군사령부 역할을 수행 해왔다.

1군사령부의 전경(강원도 원주)

3군사령부의 전경(경기도 용인).

1953년 12월, 휴전선 담당할 1군사령부 창설

대한민국 육군의 부대구조가 오늘날과 같은 전후방 체제로 자리를 잡은 것 6·25전쟁을 거치면서이다. 전쟁 직후 육군은 전방방어 임무를 맡는 1군사령부 체제와 후방지역의 책임을 맡는 2군사령부 체제의 지휘구조를 갖췄다.

6·25전쟁이 끝나면서 군 수뇌부는 전방방어 임무를 책임지는 1군사령부를 1953년 12월 15일 강원도에서 창설했고, 후방작전과 군수지원을 책임지는 2군사령부를 1954년 10월 31일 대구에서 창설했다. 그 결과 휴전선을 포함한 전방지역의 책임은 1군사령부가 맡고, 경기도 이남의 후방지역은 2군사령부가 책임을 지게 됐다.

그런 체제는 1975년 7월 1일 서부전선과 중부전선을 맡게 될 3군사령부가 창설될 때까지 계속됐다. 이후 육군의 전반적인 부대구조는 전방지역을 맡는 1·3군 체제와 후방지역을 책임지는 2군 체제로 정착됐다. 이른바 '육군 3군사령부 시대'의 시작이었다. 그 세월이 어언 45년이었다. 1군사령부와 2군사령부 체제로부터는 65년의 세월이 흘렀다.

최초 육군이 전후방 체제를 갖추게 된 것은 6·25전쟁을 수행했던 미8군의 지휘구조에서 비롯됐다. 6·25전쟁 초기 미8군사령부는 전선의 유엔군 지상군사령부 역할을 수행하면서 후방작전과 교육 훈련 그리고 유엔군에 대한 군수 보급까지 도맡아 수행했다. 그러다 보니 미8군사령관의 임무가 너무나 버거웠다. 그것을 알게 된 유엔군사령부에서는 미8군사령관의 임무를 덜어주기로 결정했다.

그래서 나온 것이 한국병참관구사령부(KCOMZ)의 창설이었다. 1952년 창설된 '케이콤즈'라고 불리는 한국병참관구사령부는 전쟁 초기부터 미8군사령관이 맡고 있던 후방지역 작전과 포로 관리업무, 군수 보급에 대한 책임을 맡게 됐다.

그렇게 됨으로써 미8군사령관은 전투 임무와 교육 훈련만을 수행하게 됐다. 그 결과 6·25전쟁 기간 유엔작전을 총괄했던 미군의 부대구조는 전방지역에서 전투 임무 및 교육 훈련을 맡는 미8군과 후방작전과 군수지원을 책임지는 한국병참관구사령부의 전후방 체제로 나뉘게 됐다. 그런 상태에서 1953년 7월 27일 정전협정이 체결됐다.

6·25전쟁이 끝나자 우리나라 군 수뇌부에서는 전쟁 기간 지상 작전을 총지휘했던 미군의 지휘구조를 본 떠 휴전선을 포함한 전방지역 작전을 맡게 될 1군사령부를 정전협정 체결 직후인 1953년 12월 15일에 창설하고, 그이듬해인 1954년 10월 31일에는 후방지역작전과 군수 보급을 맡게 될 2군사령부를 창설하고, 그리고 교육 훈련을 책임질 교육총본부(교육사령부 전신)를 창설하여 미군 철수에 따른 전력상의 공백을 최소화하기에 이르렀다. 이후 2군사령부는 군수업무를 육군군수사령부로 이관하게 되면서 후방지역 작전 및 경계 임무만 수행하게 됐다.

초대 사령관에 육군총장 백선엽 대장 임명

6·25전쟁 시 미8군의 역할을 떠안게 될 1군사령부 창설은 국방사에 한 획을 긋는 역사적 사건이었다. 6·25전쟁 발발 당시 단 1개의 군단도 없이 순수 8개의 보병사단에 불과했던 국군이 전쟁 직후 16개 사단을 지휘하게 될 동양 최대의 군사령부를 창설한다는 것 자체가 획기적인 일이었다. 거기다 초대 1군사령관에는 대한민국 최초의 4성 장군에다 현직 육군참모총장인 백선엽(白善燁) 육군 대장이 임명됐다. 일천하기 짝이 없는 국방사에서 4개 군단(1·2·3·5군단)에 16개 사단을 지휘하게 될 1군사령부 창설은 대한민국 국군의 자랑이자 자존감을 드높이는 일이었다.

이후 1군사령부는 서부전선을 맡고 있는 미군(한미1군단·한미1야전군사령부)과 함께 휴전선을 책임지게 됐다. 그 과정에서 역대 1군사령관은 승승장구했다. 1975년에 3군사령부가 창설될 때까지 1군사령관은 육군참모총장과 합참의장 그리고 국방부 장관으로 대거 진출했다. 이때부터 1군사령관의 임무와 역할은 국방사에서 중요한 위치를 차지했다.

1971년 7월, 주월한국군사령부 모체로 3군사령부 창설

그러다 1975년 7월 1일 3군사령부가 베트남에서 철수하는 주월한국군사령부(駐越韓國軍司令部)를 모체로 창설되면서 전방방어 임무는 1·3군 체제

초대 3군사령관 이세호 대장에게 부대기를 수여하는 박정희 대통령 (1973년 7월 3일)

로 발전했다. 3군사령부는 주월한국군사령부가 1975년 베트남에서 철수하면서 그것을 모체로 하여 경기도 용인에서 창설됐고, 그에 따라 초대 3군사령관에는 철수할 당시 2대 주월한국군사령관이던 이세호(李世鎬) 육군 중장이 임명됐다.

이후 이세호 장군은 육군 대장으로 진급하면서 육군참모총장으로 발탁됐다. 3군사령부 시대의 개막이었다. 3군사령관 출신들도 육군총장을 비롯하여 합참의장과 국방부 장관으로 대거 진출했다.

2019년 첫날, 지상작전사령부 출범

6·25전쟁과 베트남전쟁 철수 후 각각 창설된 1·3군사령부는 국방사에서 가장 어려운 시기에 출범해 국토방위 임무에 최선을 다해왔다. 그리고 2018년 12월 말을 끝으로 그 임무를 새로 출범하는 지상작전사령부에 인계하려 하고 있다.

지난 반세기 동안 역사와 전통에 빛나는 1·3군사령부는 비록 역사의 뒤안길로 사라졌지만, 그들이 수행했던 국토방위의 신성한 임무와 조국이 부여한 막중한 책무는 계속 이어질 것이다. 지난 세월 동안 1·3군 소속으로 전방의 국토방위에 몸담았던 예비역을 포함한 1·3군 장병 여러분의 휴전선에 의지해 조국 수호에 헌신했던 충정과 애국심에 경의를 표한다. 그리고 2019년 밝아오는 새해 아침과 함께 국방역사의 첫 페이지를 기록하게 될 지상작전사령부인 '지작사(地作司)'에도 무운장구와 함께 영광이 함께 하기를 기원한다.

8. 대한민국 최고의 군사사 연구기관 '국방부군사편찬연구소'

역사적 경험을 삶의 지혜로…군사사 연구종합센터

공정한 6·25전쟁사 연구 및 편찬 위해 전사편찬위원회 창설

고대부터 일제강점기까지 항일투쟁·민족전란 등 연구 확대

국방부군사편찬연구소(이하 군사편찬연구소)는 대한민국 최고의 군사사(軍事史)연구기관이다. 군사편찬연구소는 1964년에 설립된 국방부전사편찬위원회(이하 전사편찬위원회)에 그 역사적 뿌리를 두고 발전을 거듭했다. 이후 전사편찬위원회는 전쟁기념관 개관을 앞둔 1992년에 국방군사연구소로 명칭 변경과 함께 전쟁기념관 부설기관이 됐다가,

이후 명칭을 그대로 둔 채 그 소속만 국방연구원 부설기관으로 재출발했다. 그러

하재평(왼쪽) 국방부군사편찬연구소장에게 연구소 기(旗)를 수여하고 있는 문일섭 국방부차관(2001.9.1.).

다 국방군사연구소가 내부 문제로 해체되자, 2000년 9월 국방부 직할기관으로 군사편찬연구소가 창설되어 오늘에 이르고 있다.

1964년 '전사편찬위원회'로 발족

국방부군사편찬연구소(Military History Institute, MND)의 전신인 전사편찬위원회는 순전히 6·25전쟁사를 연구·편찬하기 위해 1964년에 창설됐다. 당시까지만 해도 우리나라는 예산과 연구인력 부족으로 정부의 공식 입장을 담은 '6·25전쟁 공간사(公刊史)'를 편찬하지 못하고 있었다.

그런데 북한은 1959년에 이미 북한의 6·25전쟁 공간사라고 할 '조국해방전쟁사'(祖國解放戰爭史)를 발간하여 일찍부터 해외에 널리 선전하고 있었다. 북한은 '조국해방전쟁사'를 통해 "6·25전쟁은 대한민국과 미국이 먼저 북한을 침략해서 일어난 전쟁"이라며 흑색선전을 했다. 북한의 그런 정치 선전에 전쟁의 실상을 모르는 일부 국가에서는 그것을 받아들였다. 6·25전쟁의 진실이 국제사회에서 잘못 확산되고 있는 셈이었다.

해외에 주재하고 있던 우리나라 대사관에서는 그런 상황을 파악하여 본국 정부에 긴급 보고했다. 해외공관으로부터 보고를 받은 박정희 정부에서는 6·25전쟁이 북한에 의해 왜곡·선전되고 있는 현실을 깨닫고, 이에 대한 대책을 강구하게 됐다.

그때 정부가 내놓은 대책이 우리의 공식 입장을 담은 6·25전쟁사를 편찬하고, 이를 담당할 연구기관을 국방부 산하에 설치하는 것이었다. 그렇게 해서 1964년 2월에 국방부일반명령 제4호에 의해 '국방부전사편찬위원회'를 먼저 설립하고, 이어 1964년 8월에는 대통령령 제1904호에 의해 전사편찬위원회를 정부의 공식기구로 법제화하는 조치를 취하게 됐다

한국전쟁사·파월 한국군전사 등 편찬

1964년 전사편찬위원회를 창설할 당시 국방부 장관은 해병대 사령관을 역임한 김성은(金聖恩) 장군이었다. 김성은 장관은 초대 전사편찬위원장에 국방대학원 교수와 5·16 후 대령 계급장을 달고 문교부 장관을 역임한 학자 출신의 문희석(文凞奭) 장군(해병 준장 예편)을 임명하고, 6·25전쟁사 연구·편찬 임무를 전격 부여했다.

문희석 위원장은 '전사편찬4개년계획'과 뒤이어 수립한 '전사편찬10개년계획'에 따라 추진했다. 당시 6·25전쟁사 편찬 목적 및 방향은 "공정한 6·25전쟁사를 편찬하여 전쟁교훈을 도출함으로써 군 작전과 군사(軍史) 및 국민교육에 기여"하는 것이었다. 이를 위해 전사편찬위원회는 6·25전쟁에 참전한 군 간부 4300명에게서 받은 증언과 그때까지 수집된 국내외 자료를 분석하여 6·25전쟁사 편찬에 들어갔다.

그 결과 전사편찬위원회는 1980년까지 '한국전쟁사' 11권을 편찬하고, 이어 다부동·장진호·용문산·백마고지전투 등 주요 전투 27개를 선정하여 별도의 단행권을 발간했다. 그 무렵 전사편찬위원회는 베트남에 군대를 파병하게 되자, '파월 한국군 전사' 10권도 편찬했다. 6·25전쟁사에 이은 또 하나의 연구성과였다.

또한 국내 군사사연구의 저변을 확대하고, 군 간부들의 지적 욕구 해소 및 전략적 사고의 함양을 위해 군사전문 학술지인 '군사(軍史)'지(誌)를 발간했다. 이는 군 간부는 물론이고 학계와 일반 연구자로부터도 커다란 호평을 받았다.

1980~1990년대 연구범위 확대 위상 높여

군사편찬연구소는 전사편찬위원회와 국방군사연구소 시절을 거치면서 연구의 질적 향상과 함께 연구영역을 확대해 나갔다. 6·25전쟁과 베트남전 쟁뿐만 아니라 고대(古代)부터 조선시대 그리고 일제강점기에 이르는 동안 이민족과의 항쟁·의병·독립군·광복군의 항일투쟁 및 민족전란까지 연구범 위를 확대했다.

나아가 건군사, 한미·한중·한러군사 관계사, 국방 편년사 등 국방역사와 주변국 관계사로, 그리고 최근에는 소년병연구, 전쟁포로, 천안함피격사건 백서, 한미동맹60년사, 국제평화유지군을 다룬 해외파병사 등으로 연구의 지평을 넓혔다. 그런 연구성과를 통해 미국·일본·러시아·중국과의 학술교 류는 물론이고, 국제학술세미나를 통해 이를 해외로 확산시켰다.

그렇기까지에는 역대 위원장과 연구소장, 연구원, 그리고 지원부서인 기 획운영실과 자료실 직원들의 노고가 컸다. 역대 위원장과 연구소장은 문희 석 장군부터 김철수 장군까지 총 16명이 거쳐 갔다. 이들 대부분은 사단장 을 역임하고, 육군대학 총장(안병한·최북진)이나 군사정전위 수석대표(하 재평·이양구)를 지낸 문무겸전(文武兼全)의 역량 있는 학자풍 출신의 장군 들이었다. 그들 가운데 연구소를 창설하여 기초를 확고히 다진 초대 위원 장 문희석 장군과 2대 이형석(李炯錫) 장군, 3대 박정인(朴定寅) 장군은 연 구소를 반석 위에 올려놓았다. 그 뒤를 이어 국방군사연구소 시대를 연 구 본중(具本重) 장군과 엄섭일(嚴燮馹) 장군도 1980년대와 1990년대를 거치 며 학문적 성과를 통해 연구소의 위상을 공고히 했다.

소련 해체 후 '새로운 6·25전쟁사' 재편찬

2000년 9월 새롭게 창설된 군사편찬연구소를 출범시킨 초대 소장 하재 평(河載平) 장군과 2대 안병한(安秉漢) 장군은 연구소의 위상 정립과 연구 의 질적 성과를 위해 각고의 노력을 기울였다. 그중에서도 최대의 학문적 성과는 '새로운 6·25전쟁사' 재편찬 사업이었다.

1990년대 소련이 해체되면서 공산권으로부터 6·25전쟁 관련 막대한 자료를 입수하게 되자, 하재평 소장과 안병한 소장은 1980년대 11권으로 완성된 6·25전쟁사 재편찬 작업에 들어갔다.

하재평 소장은 이를 위해 백선엽·이성호·장지량·김성은·김동호 장군 등 군 원로들을 초빙하여 사업 타당성에 대한 의견을 수렴하여 사업계획과 예산을 마련했다. 뒤를 이은 안병한 소장은 "새로 입수한 막대한 공산권 자료 및 미국 자료들을 새로 쓸 전쟁사에 어떻게 반영하고, 책의 구성을 어떻게 할 것인가"에 대한 논의를 거쳐 책의 체제와 틀을 마련했다.

그렇게 시작된 '새로운 6·25전쟁사' 연구편찬사업은 최북진(崔北鎭) 소장과 이양구(李陽九) 소장의 학문적 열정에 힘입어 착수 10년만인 2013년 12월, 마지막 제11권을 발간함으로써 마침내 그 결실을 맺게 됐다.

그 결과 군사편찬연구소는 다시 한번 국내 최고의 군사사 연구기관으로서 입지를 굳혔다. 그 이면에는 역량 있는 연구소장과 능력을 갖춘 연구원들의 학구적 노력이 있었다. 앞으로도 자유민주주의 체제의 대한민국 정체성과 호국영령 및 순국선열들의 애국혼이 살아있는 연구성과를 토대로 군사연구의 중심역할을 충실히 수행해 주길 기대한다.

4

대한민국 육해공군 및
해병대 장교 양성 기관

1. 대한민국 호국간성의 요람 '육군사관학교'와 졸업생들

국군의 중추세력…조국 수호에 기꺼이 목숨 바치다

1946년 5월 1일 창설…88명 입교

육사 1기생 40명만 소위 임관

1951년 4년제 사관학교로 재출발

6·25전쟁 때 30% 전사자 내며 자유민주주의 대한민국을 지켜내

대한민국 육군사관학교(Korea Military Academy)는 우리나라 호국간성의 요람이자, 최고의 장교양성기관이다. 육군사관학교는 미국 육군사관학교인 웨스트포인트(West Point)의 규정과 제도를 본떠 만들었다.

육군사관학교 전경

그래서 미국인들은 우리나라 육군사관학교를 '동양의 웨스트포인트'라는 의미에서 '이스트포인트(East Point)'로 부른다. 그만큼 육군사관학교에 대한 미국인들의 애정이 크다는 것을 의미한다. 미국의 그런 기대에 부응해 육군사관학교는 질적으로나 양적으로 명실공히 동양 최고를 자랑하는 사관학교로 발돋움했다.

동양 최고의 사관학교로 발돋움

육군사관학교의 역사는 곧 대한민국의 현대사였다. 육군사관학교는 격동의 대한민국 역사 속에서 태어나 그 속에서 성장했고, 그 속에서 발전했다. 그런 점에서 육군사관학교는 대한민국과 운명을 같이했다고 할 수 있다.

육군사관학교는 대한민국이 겪었던 6·25전쟁과 베트남전쟁 그리고 전후 북한의 각종 도발에 맞서며 자유민주주의 체제의 대한민국을 굳건히 지켜냈다. 그 과정에서 숱한 육사인(陸士人)들이 조국 수호의 제단(祭壇)에 젊은 목숨을 바쳤다. 6·25전쟁에 참전한 육사 1기부터 10기까지 총 임관자 4,962명 중 1,461명이 전사 또는 실종됐다. 약 30%의 높은 피해율로 육사인 3명 중 1명이 전사 또는 실종됐다. 세계 전사에서 유례를 찾기 힘든 장교 피해율이다.

육군사관학교는 1946년 5월 1일 창설됐다. 그때로부터 어언 72년의 세월이 감쪽같이 흘렀다. 그 세월 동안 박정희 대통령을 비롯한 대통령 3명, 김종필·황인성·박태준 등 국무총리 3명, 임충식 장군을 비롯한 국방부 장관 22명, 한신 장군을 비롯한 합참의장 23명, 서종철 장군을 비롯한 육군총장 29명을 배출했다.

그 결과 태릉의 육군사관학교는 세계적인 사관학교로 우뚝 서게 됐다.

미국 아이젠하워 대통령을 배출한 웨스트포인트 육군사관학교, 프랑스 드
골 대통령을 배출한 쌩시르(Saint-Cyr) 육군사관학교, 그리고 영국 처칠
수상을 배출한 샌드허스트(Sandhurst) 육군사관학교에 결코 뒤지지 않는
세계명문의 육군사관학교로 거듭나게 됐다.

그렇지만 최초 서울의 태릉에 터를 잡고 문을 연 육군사관학교는 초라하
기 그지없었다. 당시는 미 군정 시기로 사관학교의 명칭도 계속 바뀌었다.
최초에는 '남조선국방경비사관학교(南朝鮮國防警備士官學校)'였다가 얼마
후 남조선경비사관학교와 조선경비사관학교, 그리고 대한민국 정부 수립
후인 1948년 9월에 비로소 대한민국 육군사관학교로 자리 잡게 됐다. 그런
데에는 나름 이유가 있었다.

8·15광복 이후 38도선으로 분단된 남북은 각각 남조선과 북조선으로 불
리고 있었다. 그런 탓으로 사관학교 명칭 앞에도 남조선 또는 조선이라는
명칭이 붙게 됐다. 그렇지만 초대 육사교장인 이형근(李亨根) 소령은 미 군
정에서 사관학교를 어떻게 호칭하든 관계없이 일관되게 '육군사관학교'로
부르게 했다. 그런 점에서 육군사관학교는 처음부터 경비사관학교가 아닌
육군사관학교로 출발한 셈이다.

6·25전쟁 발발 당시 9기까지 배출

육군사관학교의 전신인 남조선국방경비사관학교가 문을 연 1946년 5월
1일은 따뜻한 봄날이었다. 이날 태릉의 한 벽돌 건물 앞에서 장차 수립될
조국의 간성이 되기 위해 모인 남조선국방경비사관학교 제1기생 88명의
'애국선서(愛國宣誓)'가 있었다. 생도 88명은 "우리는 장차 수립될 우리 조
국과 정부에 충성을 다 한다"고 맹세했다.

이날은 바로 남조선국방경비사관학교 개교식이자 제1기생 입학식이 있

는 역사적인 날이었다. 그럼에도 행사는 초라하기 그지없었다. 밖에는 일체 알리지도, 그리고 알려지지도 않은 행사로 치러졌다. 참석자로는 초대 교장으로 부임한 군번 1번인 이형근 소령과 미 군사고문관, 그리고 부교장·교수부장·생도 대장을 겸한 장창국(張昌國) 중위가 전부였다. 당시 국방부 장관격인 유동열(柳東悅) 통위부장과 남조선국방경비대총사령관 원용덕(元容德, 육군 중장 예편, 국군헌병총사령관 역임) 소령은 참석하지 않았다.

하지만 입학식 및 개교식에 임하는 1기생들의 눈망울만큼은 총기가 넘쳐 흘렀다. 육사 1기생들은 88명이 입교했으나 교육 중 48명이 탈락하고 40명만 소위로 임관했다. 그만큼 교육과정이 엄격했다. 그때부터 육군사관학교 시대가 열렸다. 육군사관학교는 정부 수립 이전에는 6기생까지, 그리고 6·25전쟁 발발 당시에는 9기까지 배출했다.

6·25전쟁은 육군사관학교에게는 최대의 시련을 안겨줬다. 전쟁 발발 후 육군사관학교와 보병학교를 합쳐 육군종합학교를 만들면서 육군사관학교를 폐지했다. 그때 생도 2학년은 소위로 임관해 육사 10기가 됐고, 생도 1학년은 종합학교에 입교해 종합군번을 받고 소위로 임관했다.

이승만 대통령·밴플리트 장군 도움 커

6·25전쟁은 육군사관학교에 시련도 줬지만 발전의 기회도 동시에 줬다. 육군사관학교는 전쟁 중인 1951년에 진해에서 4년제 사관학교로 재출발하게 되면서 육사 11기를 맞게 됐다. 4년제 육사가 들어서기까지 이승만 대통령과 미8군사령관 밴플리트(James A. Van Fleet) 장군의 역할과 도움이 컸다. 그들이 없었다면 지금의 육군사관학교는 더 많은 시간을 기다려야 했을 것이다.

특히 밴플리트 장군은 당시 웨스트포인트에 근무하고 있던 2명의 사위들을 총동원했다. 웨스트포인트 출신인 밴플리트 장군의 사위들은 장인의 명령을 받고 우리나라 4년제 사관학교 설립에 필요한 각종 규정과 법규들을 보내줬다. 밴플리트 장군이 '육사의 아버지'로 부르는 이유가 여기에 있다.

육사인의 정신…지인용 통해 숱한 전쟁 영웅 배출

화랑대(花郎臺)를 나온 대한민국의 육사인들은 교훈인 지인용(智仁勇) 정신을 행동강령으로 삼아 실천했다. '지인용'은 논어의 자한(子罕)편에 나오는 구절로 "지혜로운 사람은 미혹되지 않고, 어진 사람은 근심하지 않고, 용기 있는 사람은 두려워하지 않는다"는 의미다. 옛 성현(聖賢)들은 이 세 가지를 인간이 달성해야 할 3가지 덕성이라고 해서 3달덕(三達德)이라고 했다.

그 교훈에 따라 육사인들은 오로지 조국과 민족을 위해 열과 성을 다 바쳤다. 결코 조국을 우러러 부끄럽지 않은 육사인이 되기 위해 절차탁마(切磋琢磨)했다. 그러기에 6·25전쟁 때는 30%에 달하는 높은 전사자를 내면서 자유민주주의 체제의 대한민국 수호를 위해 기꺼이 목숨을 바쳤다.

그리고 베트남전쟁 때는 부하가 잘못 던진 수류탄을 몸으로 막아 부하들을 살린 강재구 소령, 그리고 갈비뼈에 적탄을 맞은 중상임에도 부하들을 안전한 곳까지 이동시킨 후 과다출혈로 실신함으로써 박정희 대통령으로부터 6장의 격려편지를 받은 중대장 이재태 대위(육군소장 예편)와 같은 숱한 전쟁 영웅들을 배출할 수 있었다.

이는 육사 교육이 올바르다는 것을 입증하고 있다. 그런 점에서 육군사관학교는 역사와 전통으로 자리 잡은 교훈과 육사인의 정신을 견지해 대한민국 군을 이끌고 갈 중추 세력으로의 역할과 소임을 다해주기를 기대한다.

2. 대한민국 정예 간부의 요람, '육군3사관학교'와 졸업생들

조국·명예·충용…육군 정예간부 양성의 요람 '우뚝'

육군3사관학교(Korea Army Academy at Young-Cheon)는 대한민국 육군의 정예간부를 양성하는 호국의 요람이다. 육군3사관학교는 옛 통일신라 주역인 화랑(花郎)들의 활동 무대였던 드넓은 '영천 벌'에 세워졌다.

육군제3사관학교 현판식 모습

바로 충성대(忠誠臺)다. 이곳 영천(永川)은 6·25전쟁의 최대 격전지였다. 그런 유서 깊은 곳에 대한민국 육군의 정예간부를 양성하는 육군3사관학교가 터전을 마련하고 오늘에 이르게 됐다.

안보위기 속 1968년 10월 15일 창설

육군3사관학교는 한반도가 극도의 안보적 위기상황으로 치닫고 있을 때인 1968년 10월 15일 창설됐다. 1968년은 대한민국이 북한으로부터 각종 무력도발을 받고 있을 때였다. 청와대 기습사건, 미 정보함 푸에블로호 납북사건, 울진·삼척 무장공비 침투사건 등이 바로 그것이다. 북한의 일련의 도발에 정부에서는 특단의 조치를 취했다. 그 중 대표적인 것이 육군3사관학교의 설치였다. 청와대를 기습한 북한의 특수부대인 124군부대를 능가할 정예간부를 양성하기 위해서다. 박정희 대통령은 "북한군에 강력히 대응할 정예 초급장교를 양성할 것"을 지시했다.

제3사관학교…육군의 세 번째 사관학교라는 의미

박정희 대통령의 지시에 따라 육군3사관학교 창설이 급물살을 타게 됐다. 1968년 8월 16일 육군본부 일반명령 제12호에 의해 '영천사관학교 창설위원회'가 꾸려지고, 10월 15일에는 육군3사관학교가 경북 영천에 설치됐다.

학교명칭은 육군본부 정책회의에서 육군사관학교와 육군 제2사관학교에 이어 세 번째 사관학교라는 의미에서 '육군 제3사관학교(Korea Third Military Academy)'로 정했다.

2004년, 육군3사관학교로 교명 변경

하지만 2004년 개정된 '육군3사관학교 설치법'에 의해 학교 명칭을 '육군 3사관학교'로 변경했다. 육군 제2사관학교가 없어진 마당에 굳이 서수(序數)를 지칭하는 제3사관학교라는 명칭의 의미가 없어졌기 때문이다. 육군 제2사관학교는 1972년 4월에 육군 제3사관학교에 통합됐다.

그래서 학교 명칭을 '육군3사관학교'로 바꾸고, 영문명도 영천에 위치한 육군사관학교라는 의미에서 'Korea Army Academy at Young-Cheon'으로 표기했다. 이후 육군3사관학교는 육군사관학교와 함께 육군을 대표하는 사관학교로 거듭나게 됐다.

초대 교장에…북한군 출신 정봉욱 장군

육군3사관학교는 1969년 3월 18일 치열한 경쟁률을 뚫고 들어온 1기생 924명의 입학식과 함께 개교식을 갖게 됐다. 초대 교장은 정봉욱(鄭鳳旭) 육군 소장이었다. 그는 박정희 대통령과 인연이 깊었다. 박 대통령이 대령으로 육군3군단 포병단장일 때 그는 중령으로 부단장이었고, 박 대통령이 육군 소장으로 1군사령부 참모장일 때 그는 준장으로 화력부장을 지냈다.

정봉욱 장군은 1950년 8월 하순 낙동강전투 때 백선엽 장군이 지휘하던 국군1사단 지역으로 귀순했다. 그때 정봉욱 장군은 북한군 중좌(中佐·중령에 해당)로 13사단 포병연대장이었다. 귀순 후 정봉욱은 국군 중령으로 편입됐고, 포병인 박정희 대통령과 인연을 맺게 됐다.

그런 인연으로 박 대통령은 자신이 군 시절 신뢰했던 정봉욱 장군을 초대 육군3사관학교 교장으로 임명하고, 북한군을 능가할 강인한 정예간부를 양성하도록 했다.

1970년 1월, 1기생 771명 소위 임관…2020년 현재 5만명 3사인 배출

그런 탓으로 육군3사관학교 생도들은 1기생부터 인간 육체의 한계를 뛰어넘는 강한 훈련을 받았다. 그 결과 1기생들은 최초 924명이 입학하여 153명이 탈락하고 771명만 소위로 임관했다. 3사 출신 군번 1번(500001)은 중령으로 예편한 손부철 소위가 차지했다. 그때가 1970년 1월이다. 육군3사관학교 시대의 개막이다. 그로부터 2020년 현재 50년의 세월이 흘렀다. 적지 않은 세월이다. 그 기간 약 5만 명의 '3사인(三士人)'들이 충성대를 나와 조국의 국토방위에 헌신했다.

반세기를 지나면서 충성대의 3사인들은 약진(躍進)했다. 학교출범 20년째인 1990년대 초, 첫 장군을 배출한 이래 사단장, 군단장(김일생·권태오·나상웅 등), 군사령관(박영하·박성규·박종진·황인권), 합참의장(이순진)을 배출하며 육군 최대의 정예간부 양성학교로 발전했다.

3사인들은 교훈인 조국·명예·충용을 한시도 잊지 않았다. 조국을 위해 헌신하고, 장교로서의 명예를 소중히 여기며, 국가와 국민에 충성을 다하는 용맹스러운 대한민국 정예간부로서의 자세를 일관되게 유지했다.

박영하 육군 대장 등 장군 180여 명 배출

그 결과 군대의 꽃이라고 할 수 있는 장군만도 180여 명을 배출했다. 여기에는 3사인 중 최초로 육군 대장으로 진급해 2군사령관을 지낸 박영하 대장의 역할이 컸다. 그의 군 생활은 순탄치만은 않았다. 소위 임관부터 육군 대장이 될 때까지 진급과 보직에서 최초라는 화려한 수식어의 이면에는 말 못 할 고초가 뒤따랐다. 그는 그것을 극복하고 마침내 육군 대장에 오름으로써 3사인에게 긍지와 자부심을 심어줬다. "할 수 있다. 하면 된다"는 그의 신념이 빛을 발했다.

3사인들 중에는 모교를 빛낸 인물들도 적지 않다. 베트남전에 소대장으로 참전하여 태극무공훈장을 받은 안케패스 전투의 영웅 이무표 대령과 교육 훈련 중 부하가 잘못 던진 수류탄을 보고 소대원들을 살리기 위해 수류탄을 안고 산화한 차성도 중위가 있다.

차성도 중위는 강재규 소령처럼 살신성인(殺身成仁)의 영웅적인 행동을 했음에도 국가로부터 아무런 훈장을 받지 못했다. 늦었지만 국가 차원의 정책적 배려가 필요하다. 또 강릉무장공비침투사건 때 3군단 기무부대장으로 작전에 참가해 전사한 오영안 장군도 있다.

3사인 가운데 전역 후 사회에서 더 활발히 활동한 사람들도 많다. 그 중 대표적인 사람이 문재인 정부 초대 병무청장으로 임명돼 활동하고 있는 기찬수 장군과 남북군사회담 수석대표를 지내고 KBS를 비롯한 지상파 TV, 그리고 국방FM에서 사회자와 안보해설위원으로 맹활약하고 있는 문성묵 장군이다. 또 대령을 끝으로 36년간의 군 생활을 마치고 최근 자신의 지휘 경험 사례를 『지휘요결』이란 한 권의 책으로 정리한 김기섭 대령도 빼놓을 수 없는 훌륭한 3사인이다. 그 밖에 많은 3사인들이 대학교수를 비롯해 사회 각 분야에서 활동하고 있다.

국토방위 일선에서…핵심역할

육군3사관학교는 대한민국이 안보적으로 가장 어려운 시기에 태어나, 국토방위의 일선에서 방패 역할을 묵묵히 수행해 왔다.

뿐만 아니라 전역 후에도 절대다수의 3사인들이 예비군지휘관으로서 여전히 조국 수호의 일익을 담당하고 있다. 군에 있든 군을 떠나든 국방에서 벗어나지 않고 있다.

이는 교훈인 조국·명예·충용을 잠시도 잊지 않고 간직해 왔기 때문이다.

앞으로도 육군3사관학교와 3사인들은 대한민국 안보를 끝까지 책임지는 국토방위의 핵심세력으로서 그 역할을 다해주기를 기대한다.

3. 대한민국 '해군사관학교'와 졸업생들

70년 전통 무적해병 양성…해양대군의 산실

1946년 1월, 해군병학교로 출발

1949년 해군사관학교로 정식 출범

손원일 소령이 초대 교장

육·해·공군 중 역사가 가장 오래돼

해사인 1960년대 초부터 두각

윤광웅·송영무 국방부 장관

최윤희 합참의장 배출…군령 책임져

대한민국 해군사관학교(Republic of Korea Naval Academy)는 충무공 (忠武公)의 후예들을 양성하는 우리나라 해양대군(海洋大軍)의 산실이다.

뿐만 아니라 해군사관학교는 대한민국 해군과 해병의 최정예 간부를 배출하는 최고의 군사교육 기관으로서의 역할도 충실히 수행하고 있다.

충무공 후예 양성하는 최고의 군사교육기관

해군사관학교는 최초 해군병학교(海軍兵學校)로 출발했다. 그때는 미 군정 시기로 1946년 1월 17일이었다. 이후 해군사관학교가 정식명칭을 갖게 되기까지에는 오랜 시간을 기다려야 했다. 정부 수립 이전까지는 해안경비대사관학교(海岸警備隊士官學校)와 해안경비대학으로 불리다가,

정부 수립 이후에는 해사대학(海士大學)과 해군대학으로 명칭이 변경됐다. 그러다 1949년 1월 15일 마침내 오늘날의 해군사관학교로 정식 출범하게 됐다. 이는 대통령령 제87호 해군사관학교령 공포에 따른 것이었다.

해군사관학교 초대 교장은 해군참모총장과 국방부 장관을 지낸 손원일 소령이었다. 당시 손원일은 해군의 전신의 해방병단(海防兵團) 단장 직책을 맡고 있으면서 해군사관학교 교장도 겸직하고 있었다. 그러다 그해 3월 김일병(金一秉) 중위에게 교장직을 넘겨줬다. 새로 학교장으로 부임한 김일병 중위는 1949년 2월까지 만 2년간 교장직책을 수행하며 대령으로 진급했고, 그 과정에서 "진리를 구하자, 허위를 버리자, 희생하자"라는 교훈을 제정해 생도들의 생활 규범으로 삼게 했다.

해군사관학교 전경

1946년 1월 17일 창설…3군 사관학교 중 가장 빨리 출범

해군사관학교는 우리나라 육·해·공군 사관학교 중에서 가장 빨리 출범했다. 육군사관학교는 해군사관학교보다 4개월 뒤인 1946년 5월 1일 학교 문을 열었고, 육군에서 독립한 공군사관학교는 이보다 훨씬 늦은 1949년 1월에야 발족했다. 그렇게 보면 해군사관학교는 우리나라 3군 사관학교 중 역사가 가장 오래된 사관학교인 셈이다.

해군사관학교 1기생은 총 113명이었다. 그들은 1년간의 교육 훈련을 마치고 1947년 2월 7일 그 절반에 해당하는 61명이 소위로 임관했다. 1기생이 졸업한 날 2기생 86명이 입학해 그 절반인 48명이 임관했다. 3기생도 136명이 입학하여 54명이 임관했다. 매 기수마다 50% 이상의 엄청난 탈락률을 보였다. 해군사관학교는 처음부터 그런 혹독한 교육 훈련 과정을 거쳐 충무공의 후예들을 길러냈다.

해군사관학교는 6·25전쟁이 일어날 때까지 3기생까지 졸업해 소위로 임관했다, 6·25전쟁 발발 당시 4·5·6·7기는 생도 신분으로 교육 중에 있었으나, 해군사관학교는 학업을 중단하지 않았다. 그 결과 전쟁 이전 생도 신분이었던 4·5·6·7기생들을 전쟁 이전보다 더 긴 3년간의 교육을 마친 후 소위로 임관할 수 있었다. 해군과 해군사관학교의 저력(底力)을 엿볼 수 있는 좋은 증거가 아닐 수 없다.

10기생부터 4년제 교육, 이학사 학위 수여

해군사관학교는 전쟁 중에도 미래의 충무공 후예들을 양성하기 위해 생도들을 모집해 혹독한 교육 훈련을 실시했다. 그리고 대한민국 해군 소위로 임관시켰다. 교육 기간도 3년 5개월로 연장하여 더욱 짜임새 있고 알차게 교육했다.

그러다 1952년 4월에 입교한 10기생부터는 4년제 교육을 실시하고 이학사(理學士) 학위까지 수여했다. 대단한 발전이었다. 그런 자랑스러운 해군사관학교 10기생 졸업식에 이승만 대통령이 참석하여 축하했다.

해군참모총장 정긍모(鄭兢模) 중장도 치사를 통해 "새 정열, 새 힘, 새 지혜로써 해군업무의 핵심을 추진하는데 모든 심혈을 경주해 줄 것"을 당부했다. 그 무렵 해군사관학교는 해군 장교뿐만 아니라 해병 장교 양성을 위한 준비도 갖춰 나갔다.

교수부에 해병과를 신설하여 육전(陸戰)과 해병에 대한 교육 훈련을 실시함으로써 무적해병의 후예들을 양성할 수 있는 토대를 마련했다. 해군사관학교의 또 다른 변화이자 커다란 도약이었다.

해사인, 충무공 정신을 생활 신조로 삼아

해군병학교로 출범한 해군사관학교가 2020년 현재 70년의 전통과 역사를 갖게 됐다. 그 기간 해군사관학교는 장족(長足)의 발전을 했고, 해군사관학교를 나온 해사인(海士人)들은 조국을 위해 목숨을 아끼지 않았다. 충무공의 정신이 투영(投影)된 교훈을 생활신조로 삼았던 해사인들은 위기 때마다 국가를 위해 헌신했다.

전쟁 이전 몽금포전투의 영웅 공정식 장군과 함명수 제독을 비롯하여 6·25전쟁의 첫 승리인 대한해협전투에서 600명을 태운 적 무장수송선을 격침하는데 크게 기여한 최영섭 대령, 베트남전에서 동굴수색 중 부하들을 살리기 위해 베트콩이 던진 수류탄을 안고 전사한 이인호 소령, 짜빈동전투에서 중대장과 소대장으로 참전해 적 1개 연대를 섬멸한 정경진 대위와 신원배 소위, 1970년대 북한 땅굴 수색 중 전사한 김학철 중령, 제2연평해전의 영웅 윤영하 소령 등이 자랑스러운 해사인들이다.

해사 1기생, 10년간 해군 총수 맡아

해사인들은 1960년대 초부터 국방사(國防史)에서 두각을 나타내기 시작했다. 해군의 총수(總帥)인 해군참모총장과 해병의 수장(首長)인 해병대 사령관을 맡았다. 그 중심에는 해사 1기생들이 있었다.

해군사관학교 1기생들은 대단했다. 참모총장 4명에 해병대 사령관 1명을 배출했다. 참모총장도 육군사관학교 출신의 1969년보다 훨씬 빠른 1962년부터 해군총장 직책을 수행했다. 해사 1기 출신의 최초 해군총장은 6대 이맹기 제독이다. 그 뒤를 이어 함명수·김영관·장지수 제독이 1972년까지 연달아 해군총장에 임명됐다. 국방사에서 전무후무한 일이다. 10년간을 해사 1기생들이 해군 총수를 맡아 바다의 사나이들을 호령했다.

해병대도 1964년 1기생인 공정식 중장이 최초로 6대 해병대 사령관에 취임함으로써 해사 출신 해병대 시대를 열었다. 그 과정에서 해군에서는 대장계급이 나왔다. 그때가 1969년 8대 해군총장인 김영관(金榮寬) 제독 시절이다.

국방부 장관과 합참의장 배출

해사인들은 여기서 그치지 않았다. 해군총장과 해병대 사령관에 이어 국방부 장관(윤광웅·송영무)과 합참의장(최윤희)도 배출했다. 해군의 영역을 넘어 국방부와 합참을 지휘할 역량을 갖추게 됐다. 그런 점에서 해사인들은 대한민국의 영해를 책임지는 바다의 사나이로 머물지 않고 대한민국 군정과 군령을 책임지는 자리에까지 오르게 됐다.

해사인들은 이후 순풍에 돛단 듯 순조롭게 해군과 해병대를 이끌고 항진(航進)했다. 해군은 대양해군을 향해 거보를 내딛게 됐고, 해병대는 대한민국 유일의 해상 전략기동군으로서 위상을 굳혀 나갔다.

해군과 해병대가 국군의 핵심전력으로 성장 발전할 수 있었던 데에는 해사인들의 역할이 컸다. 그들은 충무공 이순신 제독의 삶이 고스란히 녹아 있는 "진리를 구하자, 허위를 버리자, 희생하자!"를 실천 강령으로 삼아 조국과 영해수호(領海守護)에 헌신했다. 그런 해군과 해사인들의 장도(壯途)를 위해 뜨거운 갈채를 보낸다.

4. 대한민국 '공군사관학교'와 졸업생들

'하늘의 제왕' 보라매 양성하는 막강공군의 요람

대한민국 공군사관학교(Republic of Korea Air Force Academy)는 장차 '하늘의 제왕(帝王)'이 될 보라매들을 양성하는 우리나라 '막강공군(莫强空軍)'의 요람이다.

이뿐만 아니라 대한민국 영공을 수호하는 공군 최정예 간부를 배출하는 우리나라 최고의 공군 군사교육 기관으로서의 역할도 성실히 수행하고 있다.

공군사관학교 전경

공군, 미 군정하 육군 배속 항공대로 출발

공군사관학교는 최초 육군항공사관학교(陸軍航空士官學校)로 출범했다. 출발은 초라하기 그지없었다. 경기도 김포에 위치한 김포비행장 내 미군 콘서트 막사 2동을 빌어 어렵게 시작했다. 거기에는 이유가 있었다. 그것은 공군이 최초 육군과 해군처럼 독립된 하나의 군(軍)으로 출발한 것이 아니라 육군에 배속된 '항공부대'로 출발했기 때문이다.

미 군정 시절 미군에서는 육군에 해당하는 조선경비대와 해군에 해당하는 조선해안경비대를 창설하면서 공군을 별도로 창설하지 않았다. 미 군정에서는 "한국에 독자적인 항공대는 필요 없다. 육군과 해군만 있으면 된다. 항공대가 왜 필요한가?"라며 육군과 해군에 버금가는 독자적인 공군설립에 적극 반대했다.

1949년 10월, 육군서 공군 독립한 날 공군사관학교로 정식 발족

하지만 '공군창설 7인'(최용덕·김정렬·이영무·장덕창·박범집·이근석·김영환)의 활약과 그 당시 한국에 들어온 항공경력자들의 끈질긴 노력과 요구로 마침내 육군 내에 항공대를 설치하게 됐다.

육군항공대는 대한민국 정부 수립 후 독립된 공군의 모체가 됐다. 육군항공대가 설치되자 항공대 수뇌부들은 미래의 공군 간부를 양성하기 위해 육군항공사관학교를 설치했다. 그때가 1949년 1월 14일이었다. 그러다 1949년 10월 1일 공군이 육군에서 독립하게 되자, 육군항공사관학교도 그날부로 공군사관학교로 정식 발족하게 됐다.

초대 교장 김정렬 중령

공군사관학교 초대 교장은 공군참모총장과 국방부 장관 그리고 국무총리를 차례로 역임한 김정렬(金貞烈) 중령이었다. 그러다 1950년 5월 14일 겸직하고 있던 공군사관학교장을 국방부 차관에서 물러난 최용덕(崔用德) 장군에게 인계했다.

최용덕 장군이 학교장으로 임명된 5월 14일은 공군사(空軍史)에서 매우 뜻깊은 날이다. 이날은 국민들의 성금으로 캐나다에서 구입한 T-6형 항공기 10대가 도입된 날이다. 그런 의미 있는 날에 '공군의 아버지'로 추앙받고 있는 최용덕 장군이 공군사관학교장이 됐다.

2대 교장 최용덕 장군…공사십훈 제정

제2대 공군사관학교 교장이 된 최용덕 장군은 '공사십훈(空士十訓)'을 제정하여 생도들의 생활 규범으로 삼게 하면서 '공사인(空士人)'으로서 견지해야 할 행동강령으로 삼았다. 이후 "배우고 익혀서 몸과 마음을 조국과 하늘에 바친다"라는 교훈이 새로 제정될 때까지 공사십훈은 교훈 역할을 했다.

한때는 이승만 대통령이 휘호로 써준 무용(武勇)과 지·덕·용(知德勇)을 교훈으로 사용한 적도 있었다.

1949년 1기생 97명 입교…1951년 83명 임관

공군사관학교 1기생은 1949년 6월 10일 97명이 입학했다. 당시 경쟁률이 어마어마했다. 97명을 뽑는데 지원자가 무려 1400여 명이나 몰렸다. 15대 1의 경쟁률이었다. 어려운 관문을 뚫고 들어온 공사 1기생들은 2년간의 혹독한 교육 훈련을 받고 1951년 8월 5일 경남 진해에서 83명이 공군소위로 임관했다.

그때는 6·25전쟁이 한창일 때였다. 전쟁의 와중에 공군사관학교 시대가 열렸다. 그동안 1기생들은 6·25전쟁 발발로 서울에서 진해, 대구, 제주도 모슬포, 사천 등지를 오가며 혹독한 교육훈련과 함께 대한민국 영공을 수호할 보라매로 성장했다.

공군사관학교는 전쟁임에도 교육을 중단되지 않고 공사인들을 모집하여 끊임없이 배출했다. 엄청난 생명력이었다. 2기생 171명은 1951년 12월 31일 피란지인 대구칠성국민학교(현 초등학교)에서 입교식을 가졌다. 이어 3기생들이 1951년 11월 10일 입교했는데, 이들의 교육 기간은 3년으로 늘어났다.

1952년 5월 5일에 입교한 4기생부터는 대학설치령에 의해 4년제가 되면서 비로소 공군사관학교로서의 면모를 갖추게 됐다. 이때부터 졸업생들에게 이학사(理學士) 학위가 수여됐다.

6·25전쟁 중에도 끈질긴 생명력을 잃지 않았던 공군사관학교도 이제 어언 70년의 전통과 역사를 간직하게 됐다. 그간 수많은 공사인들이 성무대(星武臺)를 나와 조국 영공수호의 불침번으로서의 역할을 충실히 수행해냈다. 자랑스럽기 그지없다.

공군사관학교 졸업·임관식(1951년 8월)

1979년 4월, 1기생 윤자중 대장 공군총장

그 이면에는 수많은 공사인들의 피와 땀과 눈물이 베여 있었기에 가능했다. 그런 공사인들이 국방사에 본격적으로 모습을 드러내기 시작했다. 그때가 1979년 4월이다.

1기생인 윤자중(尹子重) 대장이 공군 총수인 제14대 공군참모총장에 오르게 됐다. 공사출신의 공군참모총장시대의 개막이었다. 뒤이어 공사 출신 합동참모의장과 국방부 장관도 배출했다. 21대 공군총장을 역임한 이양호 대장은 25대 합참의장에 이어 국방부 장관에 발탁됐다.

우리나라 국방역사에서 총장을 거쳐 연달아 합참의장과 국방부 장관에 오른 예는 매우 드물다. 물론 육군총장과 합참의장을 역임하고 어느 정도 세월이 지난 후 국방부 장관을 지낸 최영희(崔榮喜) 장군과 한민구(韓民求) 장군도 있다. 그렇지만 대한민국 국군 70년 역사에서 총장-합참의장-국방부 장관을 연속으로 지낸 경우는 육군총장을 지낸 노재현(盧載鉉) 장군이 처음이고, 그다음이 공군총장을 지낸 이양호 장군이다. 이양호 장군에 이어 육군총장을 역임한 김동진(金東鎭) 장군이 세 번째다.

청주에서 공군사관학교 생도들의 학교 이전 축하 퍼레이드 모습(1986년 3월)

그런데 2018년 공군에서 또다시 그 기록을 갱신하고 나섰다. 공군총장을 지낸 정경두 합동참모의장이 송영무 장관의 뒤를 이어 제46대 국방부 장관에 임명되면서 공군 역사는 물론이고 국방사에 또 하나의 새로운 기록을 더하게 됐다. 총장을 거쳐 합참의장 그리고 국방부 장관을 연속하여 맡은 4번째 국방 인물이 됐다. 이는 공군은 물론이고 공사인들의 경사스러운 일이 아닐 수 없다.

우주로 비약하는 막강공군 위해 분투

그렇게 되기까지에는 공군사관학교 70년 역시 동안 공사인들이 절차탁마 속에서 키워 온 3군 통합지휘능력과 국방업무를 총괄할 역량을 배양시켜 온 노력의 결과라 여겨진다. 공사인들의 그동안의 노력과 열정에 찬사를 보낸다. 하지만 공사인들은 결코 여기서 자만하지 말아야 한다. 선열들의 호국정신을 본받아 더욱더 국방책무의 막중함을 생각하고, 자유민주주의 체제 대한민국의 국토방위와 국민들의 안전에 배전의 노력을 기울여야 할 것이다.

그와 함께 공군의 지상목표이자 공사인들의 미래 희망인 저 드높은 하늘로 그리고 끝없는 우주로 비약(飛躍)하는 막강공군으로 태어나길 국민들과 함께 기대해 본다.

5. 국군간호사관학교와 졸업생들

국내 넘어 해외로…순백의 천사들 '맹활약'

6·25전쟁 때 육군군의학교 간호사관생도로 출발

1980년 1월 4일 4년제 국군간호사관학교로 출범

외환위기로 한때 위기…2년간 생도 모집 중단도

2002년 첫 여성장군 양승숙 육군준장 학교장 취임

16기 이재순 장군, 모교 출신 첫 장군 학교장 올라

국군간호사관학교(Korea Armed Forces Nursing Academy)는 대한민국 유일의 국방부 직할의 사관학교다. 우리나라에는 총 5개의 사관학교가 있다. 이른바 '5대 사관학교'다. 육군사관학교와 육군3사관학교, 해군사관학교와 공군사관학교, 그리고 국군간호사관학교다. 다른 사관학교들이 자군(自軍)에 필요한 장교들을 양성하고 있지만, 국군간호사관학교는 유일하게 육·해·공군에 모두에 간호장교들을 배출하고 있다.

대한민국 유일 국방부 직할 사관학교

국군간호사관학교는 전투병력이 아닌 국군장병들을 치료할 '백의(白衣)의 천사'들을 양성한다. 국군간호사관학교는 최초 육군군의학교 간호사관생도로 출발하여 육군간호학교와 국군간호학교를 거쳐 오늘에 이르고 있다. 국군간호사관학교는 1980년 1월 4일 국군간호사관학교 설치법에 의해

4년제 사관학교로 출범했다. 그때부터 국군간호사관학교는 육·해·공군사관학교와 함께 정규 사관학교로서의 위상을 갖게 됐다. 1951년 육군군의학교 간호사관생도로 출범한 지 30년 만의 쾌거(快擧)다.

1기생 303명 입교…110명만 소위 임관

국군간호사관학교는 1951년 1월 6일 임시수도가 있던 부산 동래의 육군군의학교에서 출발했다. 당시 교장은 박동균(朴東均) 대령이었다. 1기생들은 엄청난 경쟁률을 뚫고 303명이 입교했다. 1·4후퇴 후 시작된 1기생들의 교육환경은 열악하기 그지없었다. 그해 유난히 추운 겨울을 1기생들은 온기(溫氣) 하나 없는 내무반에서 담요 2장으로 버텨야 했다. 모포 1장은 깔고 1장은 덮었으나 추위를 막기에는 턱없이 부족했다. 보다 못한 학교장 박동균(육군 소장 예편) 대령이 인근의 농부들에게 부탁하여 볏짚을 넣어

국군간호사관학교 졸업 및 임관식 장면(2018년 3월)

만든 '거적 매트리스'를 제공했다. 그 덕분에 겨우 추위를 면했지만, 추위보다 더 무서운 것은 배고픔이었다.

1기생들은 그런 힘들고 어려운 2년 과정을 거쳐 1953년 3월 14일 드디어 임관했다. 하지만 임관 숫자는 의외로 적었다. 입교자 303명 중 3분의 2가 탈락하고 겨우 110명만 소위로 임관했다. 엄청난 탈락률이었다. 그만큼 교육과정이 힘들고 어려웠다는 것을 뜻한다. 대한민국 간호사관학교 출신의 첫 '나이팅게일' 배출이었다. 그로부터 약 70년의 세월이 흘렀다. 적지 않은 세월이다. 그 세월을 거치면서 국군간호사관학교는 숱한 고난을 극복하며 발전을 거듭했다.

육군군의학교 간호사관생도 과정은 1957년 10기생을 마지막으로 문을 닫았다. 휴전 이후 다양한 사회진출로 인해 더 이상 응모자가 없었다. 그러다 1960년대 중반 국군의 베트남 파병으로 간호장교 수요가 늘어나게 되자, 정부에서는 1967년 8월 15일 대구에 육군간호학교를 설립했다. 순수한 간호사관학교인 셈이다. 이후 육군간호학교는 국방부의 의무부대 통합운용방침에 따라 지휘 감독권이 육군본부에서 국방부로 넘어갔다. 그때 학교 명칭도 '국군간호학교'로 바뀌었다. 1970년 12월 상황이다.

1977년 해군 간호장교도 배출

국군간호학교는 그 명칭에 걸맞게 1977년부터 육군 간호장교뿐만 아니라 해군 간호장교도 배출했다. 공군 간호장교는 이보다 16년 늦은 1993년부터 시작됐다. 이때부터 국군간호학교는 '3군통합간호사관학교' 체제를 완전히 갖추게 됐다. 이를 계기로 2012년부터 남자 생도들이 입학해 남자 간호장교를 배출했다. 그 과정에서 국군간호학교는 국군간호사관학교로 격상됐다. 그때가 1980년 1월 4일이다.

국군간호사관학교의 4년제 출발은 국방사의 한 획을 긋는 사건이었다. 국군간호사관학교 출범으로 우리나라는 총 5개의 사관학교를 갖게 됐다. 1996년 8월에는 대구에서 대전의 자운대로 학교를 옮겼다. 국군간호사관학교의 '자운대 시대'의 개막이다. 하지만 호사다마(好事多魔)라고 했던가!

1999년 IMF 위기가 닥치면서 국방부는 예산 절감의 일환으로 국방부 산하 교육기관을 통폐합 또는 축소를 추진했다. 그때 국방부는 간호사관학교를 해체하고 100% 민간자원으로 간호장교를 보충하기로 결정했다. 그것은 국군간호사관학교의 폐지를 의미했다.

그 여파로 2000년과 2001년 생도모집이 중단돼 44기와 45기를 뽑지 못했다. 국군간호사관학교 역사에서 '아픈 공백'이다. 그렇지만 국군간호사관학교는 동문을 비롯하여 여성단체와 정치인 그리고 학계의 도움으로 '학교 폐지'라는 최악의 위기를 극복하는 저력을 발휘했다. 이는 국군간호사관학교 출신들의 모교 사랑에서 나온 옹골찬 의지가 낳은 결집의 결과였다.

2002년 장성급 학교장 시대 개막

역사가 입증해 주듯 역경을 이겨낸 뒤는 늘 순풍이 뒤따른다. 국군간호사관학교도 2002년 1월 23일 학교 창설 이래 최대의 경사를 맞게 된다. 국군 최초의 여성 장군인 양승숙 육군 준장이 국군간호사관학교장에 취임했다.

양승숙 장군은 2001년 육군본부 간호병과장으로 재직 중 우리나라 최초의 여성 장군이 됐다. 여성 장군 1호다. 그리고 국군 간호장교의 요람인 국군간호사관학교장으로 취임했다. '장성급 학교장 시대의 개막'이었다. 그동안 암울했던 어둠이 걷히고 밝은 미래를 보장하는 듯 했다. 학교의 위상도 격상됐다.

국군간호사관학교 출신의 첫 장군 학교장은 16기생인 이재순 장군이 차지했다. 이후 윤종필(17기), 박순화(19기), 신혜경(20기), 박명화(21기), 최경혜(22기), 그리고 윤원숙(23기) 장군들이 학교장을 맡아 후배들의 훈육을 책임졌다.

2020년 현재 학교장은 10번째 장성급 교장인 정의숙(28기) 장군이다. 그 가운데 윤원숙 장군은 간호사관학교 최초의 4년제 졸업생이라는 점에서 의미가 크다.

간호사관학교 출신들은 전역 후에도 국가와 사회 그리고 학계에서 다양한 활동을 하며 모교를 빛내고 있다. 그중 이재순 장군은 전역 후 한국폴리텍대학 경북구미스캠퍼스 학장을 지냈고, 윤종필 장군은 20대 국회에 입성해 활발한 의정활동을 펼쳤다. 자랑스러운 국군간호사관학교 출신이 아닐 수 없다.

학계 정계서 모교 빛내는 졸업생들

국군간호사관학교 출신 간호장교들은 교훈인 '진리의 탐구, 사랑의 실천, 조국의 등불'을 한시도 잊지 않고 이를 몸으로 실천하고 있다. 그들은 우리나라가 가장 어려운 시기인 6·25전쟁 와중에 창설되어 넘쳐나는 국군 부상병들을 애국하는 마음으로 간호했다.

이후에는 국군 최초의 전투부대 해외파병인 베트남전쟁은 물론이고, 1990년대 이후 우리나라가 국제사회에서 국력에 걸맞는 평화유지활동을 하게 되자, 유엔평화유지군의 일원으로 해외 분쟁지역에서 '대한민국 나이팅게일의 후예'로서 국위를 선양하고 있다. 그런 국군간호사관학교와 졸업생들에게 60만 국군과 함께 무한한 경의와 감사를 드린다.

6. 대한민국 학생군사교육단과 'ROTC' 장교들

60년 역사…120개 대학 통해 20여만 명 장교 배출

대한민국 학생군사교육단(Reserve Officers' Training Corps)은 우리나라 육·해·공군 및 해병대의 모든 장교를 양성하는 최대의 종합사관학교다. 일반적으로 학군(學軍), 학군단(學軍團)과 함께 ROTC라는 용어로 널리 알려져 있다.

ROTC 제도는 대학 재학생 중에서 우수자를 선발하여 2년간의 군사훈련을 실시함으로써 전공 학문 완성과 소정의 군사지휘 실무능력을 갖춘 문무겸전(文武兼全)의 우수한 장교를 양성하는데 그 목적이 있다.

저비용, 양질의 장교 양성 체제…군에서 중추적 역할

ROTC가 제일 먼저 시작된 곳은 육군이 아닌 해군이었다. 육·해·공군사관학교 중 해군사관학교가 우리나라에서 제일 먼저 출범했듯이 ROTC도 해군에서 먼저 시작됐다. 그때가 1959년이었다. 그 뒤를 이어 육군에서도 1961년 ROTC 제도를 도입해 운영했다. 공군은 이보다 훨씬 늦은 1971년에

야 시작됐다.

그렇게 볼 때 우리나라 ROTC 출신 장교들이 국방을 맡은 지도 이제 60년의 세월이 지났다. 이를 통해 우리 군은 매우 적은 비용을 들어 양질의 장교를 양성할 수 있는 체제를 갖추게 됐다. 나아가 ROTC 장교들이 군에서 중추적인 역할을 수행할 수 있게 됐다.

1959년 해군서 한국해양대에서 첫 도입

해군에서 가장 먼저 ROTC 제도를 도입한 학교는 부산에 위치한 한국해양대학교였다. 1945년 진해고등상선학교로 출발한 한국해양대학교는 1956년 제8대 학장으로 취임한 신성모(申性模) 때인 1959년 3월 11일, 최초로 ROTC 제도를 도입하여 운영했다. 이른바 해군부산군사교육단, 즉 해군 제1001학생군사교육단을 설치했다.

우리나라 최초의 ROTC 제도의 도입이었다. 신성모 학장은 일제강점기 때 중국 난징(南京)해양대학과 영국 런던항해대학을 졸업하고 1등 항해사 자격을 취득한 후 영국 상선의 선장을 지냈고, 대한민국 정부 수립 후에는 내무부 장관을 거쳐 국방부 장관과 국무총리 서리를 역임했던 역량 있는 고위 관료(官僚)이자 바다를 잘 아는 해사인(海事人)이었다.

한국해양대학교에서 출범한 해군 ROTC는 부경대학교, 목포해양대학교, 제주대학교로 확대되었고, 그 과정에서 해군 장교뿐만 아니라 해병대 장교 까지로 배출하기에 이르렀다. 해병대 학군단이 설치된 곳은 한국해양대학교와 제주대학교다.

육군 1961년 도입 운영

육군에서는 해군보다 2년 늦은 1961년에 ROTC 제도를 도입하여 운영했다. 하지만 육군에서도 그보다 일찍 미국 ROTC 제도에 눈뜨고 우리나라 육군에 도입하려고 했던 선각자가 있었다. 그 사람은 바로 대한민국 최연소 육군참모총장과 최초의 대장(大將) 계급장을 단 백선엽(白善燁) 장군이었다.

백선엽 장군은 1959년 두 번째 육군총장을 마치고 제4대 합동참모의장으로 자리를 옮겼다. 당시 합참의장은 전역을 앞두고 군 원로가 가는 비교적 한가한 자리였다. 그때 백 장군은 한가한 시간을 이용하여 우리 군에 도움을 줄 일을 찾았다. 그것이 바로 육군에 ROTC 제도를 도입하는 것이었다. 당시는 우리나라 육군의 초급장교가 절대 부족했던 시기였다. 특히 소대장 요원이 턱없이 부족했다. 총장을 역임하면서 그것을 잘 알고 있던 백 장군은 그에 대한 해결책으로 미국의 ROTC 제도를 육군에 도입하기로 결정했다.

하지만 1960년 4·19혁명 이후 백 장군이 합참의장에서 물러남과 동시에 1960년 5월에 전역하게 됨에 따라 그 결과를 보지 못하고 군문을 나서게

육군 ROTC 1기 임관식(1963년 2월)

됐다. 이후 백 장군이 결정했던 ROTC 제도는 1961년 드디어 실현을 보게 됐고, 육군의 ROTC 1기생들이 1963년 드디어 소위로 임관하면서 결실을 보게 됐다.

공군 1971년 도입 운영

공군에 ROTC 제도가 도입된 것은 1971년이었다. 해군이나 육군보다 10년 이상 늦었다. 최초 공군 ROTC 제도를 채택한 학교는 한국항공대학이었다. 공군에서는 공군사관학교 출신만으로는 공군 장교를 모두 충당할 수 없었다. 그렇게 해서 도입된 것이 ROTC 제도였다.

이후 공군 학군단은 한서대학교와 한국교통대학교로 확대되어 운영되고 있다. 뒤늦게 공군 학군단의 출범으로 우리나라는 비로소 육·해·공군 및 해병대의 ROTC 장교들을 양성하는 체제를 갖추게 됐다. 거기다 2010년부터는 여군 학군단도 설치하여 운영하게 됐다.

공군 ROTC 임관식(1974년 2월)

각 군 장교 양성하는 '국내 최대 종합사관학교'로 발돋움

이에 따라 ROTC는 각 군 사관학교를 모두 합쳐 놓은 것과 같은 종합사관학교의 성격을 띠게 됐다. 1959년 한국해양대학교에서 ROTC 제도를 도입한 이래 이제 60년의 세월이 지났다. 그 기간 동안 ROTC 제도는 우리나라 국방에 절대로 없어서는 안 될 중요한 자리를 차지하게 됐다. 해마다 4천여 명을 상회하는 초급장교 배출은 그 규모만도 어마어마하다. 한 해 우리나라 소위 임관의 80%를 차지하는 놀라운 수치다. 거기다 비무장지대(DMZ)를 담당하는 전방 소대장의 70%를 차지한다고 하니 대한민국 국토방위의 대부분을 ROTC 출신 장교들이 맡고 있다고 해도 과언이 아니다.

ROTC는 2020년 현재 120개 대학교를 통해 20여만 명의 장교를 배출함으로써 대한민국 국방 역사상 최대의 장교를 배출한 장교단(將校團)을 형성하게 됐다. 이는 ROTC가 국내 최대의 장교 양성기관으로서 뿐만 아니라 육·해·공군 및 해병대 그리고 여군 장교까지 배출하는 '대한민국 종합사관학교'로서의 위상을 갖추게 됐음을 알려주는 증좌(證左)다.

육군 대장 7명 배출…합참의장에 이어 육군참모총장 발탁

그 과정에서 ROTC 장교들은 비약적인 발전을 했다. 그 기간 동안 4성 장군인 대장까지 오른 사람이 7명(박세환·김진호·홍순호·조재토·이철휘·박한기·남영신)이나 되고, 그중 대한민국 군 서열 1위인 합동참모의장에 오른 장군은 2기생 김진호 대장과 21기생 박한기 대장이다. 특히 2020년에는 남영신 대장이 지상작전사령관에서 육군참모총장에 임명됨으로써 육군사관학교 출신들이 1960년대 말부터 독차지해 왔던 '육사출신 참모총장 시대'에 커다란 변화를 줬다. 이는 1969년 9월 1일 시작된 서종철(육사 1기, 국방부 장관 역임) 대장부터 41년간 이어진 육사 출신 총장 시대의 마감을 의미했다.

60년의 세월 동안 ROTC 출신 장교들은 국방의 의무를 수행할 때는 국가안보를 위해서 호국의 간성으로서 최선을 다했고, 전역을 하고 사회에 나와서는 우리나라 정치·경제·사회·문화·예술·교육 등 사회 각 분야에서 사회지도층으로서 또 애국 및 민주시민으로서 역할을 충실히 수행했다.

그런 점에서 최초 초급장교 보충과 우수 장교 유치를 위해 도입됐던 ROTC 제도는 국방 차원을 넘어 국가적으로나 사회적으로 볼 때 기대 이상의 대성공으로 평가할 수 있겠다. 그런 ROTC 출신 장교들에게 경의와 함께 격려의 박수를 보낸다.

ROTC 최초 합참의장인 김진호(왼쪽) 대장과 머리스 바리 캐나다 국방총장이 국방부 의장대를 사열하고 있는 모습(전쟁기념관 광장, 1998년 11월 16일)

5

한미상호방위조약과
한미동맹의 뿌리

1. 이승만 대통령과 한미상호방위조약

한미상호방위조약은 6·25전쟁에서 대한민국이 얻은 '최대의 성과'였다. 한미상호방위조약은 전적으로 이승만(李承晩) 대통령의 공로였다. 그가 아니었으면 결코 성사될 수 없었다.

그런 점에서 이승만 없는 한미상호방위조약은 생각할 수도, 존재할 수도

한미상호방위조약 가조인 후 이승만 대통령과 덜레스 미국 국무장관(1953년 8월 8일)

없었다. 이승만은 전후 대한민국이 살아갈 '생존의 선물'을 우리 국민들에게 안겨 줬다. 한미동맹이다.

이승만, 휴전은 대한민국에게 '자살 강요하는 행위'

한미상호방위조약은 휴전협상 과정에서 이뤄졌다. 1951년 6월 23일 유엔주재 소련 대표 말리크(Jacob Malik)의 휴전 제의에 따라 이루어진 휴전협상은 대한민국에 위기감을 심어줬다. 북진통일을 열망하던 이승만에게 휴전은 커다란 충격이었다. 전쟁으로 나라가 결딴난 상태에서 나온 휴전 논의에 이승만은 "그것은 대한민국에게 사형집행의 영장이자 자살을 강요하는 행위"라고 항변했다. 38도선이든 휴전선이든 다시 분단된 폐허 위에서, 더욱이 군사력으로 강화된 북한의 남침 위협을 그대로 놔둔 상태에서, 단순히 전투행위만 중지하는 휴전은 대한민국에게 죽으라는 거나 마찬가지로 봤다.

그런데다 미국은 전후 보장책 없이 휴전을 밀어붙였다. 휴전 이후 국가 장래를 생각할 때 이승만은 답답했다. 어떻게든지 활로를 찾아야 했다. 하지만 길이 보이지 않았다. 한국을 배제시킨 채 진행되는 미국의 휴전협상이 서운함을 넘어 배신행위로 느껴졌다. 나아가 워싱턴의 전쟁수행정책도 이해하기 힘들었다.

이승만의 판단으로는 미국이 마음만 먹으면 북진통일을 할 수 있는 데도 하지 않았다. 이것은 틀린 생각이 아니었다. 그 당시 유엔군사령관 클라크(Mark W. Clark) 장군은 군사력에 의한 북진통일이 가능할 것으로 여겼다. 이승만도 "북진통일만이 전쟁을 종결 짓을 수 있고, 나아가 3차 세계대전을 막을 수 있다"고 역설했다. 그런데 미국은 그렇게 하지 않았다. 그리고 휴전협상에서 한국 정부를 철저히 배제했다. 마치 적을 대하듯 한국에

냉담했다.

이승만, 전후 대한민국 살아남을 방도 모색

미국이 이승만을 힘들게 한 것은 또 있었다. 그것은 자신의 북진통일을 이해하고 힘이 됐던 맥아더(Douglas MacArthur) 장군을 유엔군사령관직에서 해임했다. 맥아더의 퇴진으로 "전쟁에서 승리를 대신할 것이 없다"는 신념도 사라졌다. 전선에서는 '이기지도 지지도 말라'는 식의 전투가 진행됐다. 군사적 승리나 북진통일과 전혀 관계없는 38도선 부근에서의 고지쟁탈전만 전개됐다.

이승만은 정치적·군사적으로 손발이 잘린 기분이었다. 휴전을 둘러싼 시점에 한국은 국제정치무대에서 외톨박이가 됐다. 유엔도, 한국을 도우러 군대를 파병한 유엔참전국들도 휴전을 갈망하며 휴전을 재촉했다. 계속되는 전쟁에 자국의 젊은이들이 이국땅에서 피 흘리는 것을 더 이상 지켜볼 수 없었다.

더욱이 미국은 한국에 대한 전후 보장책 없이 휴전만을 서둘렀다. 그런 분위기 속에서 이승만은 전후 대한민국이 살아갈 방도를 모색했다. 그것은 미국과의 동맹을 뜻하는 한미상호방위조약 체결뿐이었다. 이승만은 이를 성사시켜야만 했다. 그런데 미국은 어떻게 해서든지 한국과 동맹을 맺으려고 하지 않았다. 평소 이승만은 "한국이 의지할 수 있는 유일한 우방국은 미국"이라고 여겼다.

나아가 "공산주의라는 사막에서 미국은 자유민주주의의 오아시스(oasis) 역할을 해야 된다"는 신념을 갖고 있었다. 그런 미국이 휴전을 빌미 삼아 한국이 가장 필요할 때 버리려고 했다. 이승만은 크게 낙담했다.

이승만의 승부수…반공포로석방

이승만으로서는 극단의 대책이 필요했다. 미국을 다룰 해법을 찾았다. 두 가지였다. 먼저 유엔군으로부터 국군을 철수시켜 단독 북진하는 문제를 고려했다. 이는 미국의 위신과 자존심을 상하게 할 작정이었다. 쉬운 일은 아니었다. 대한민국의 국력과 군사력으로는 북진통일은 고사하고 군대 유

이승만 대통령의 반공포로 석방 보도(조선일보, 1953년 6월 20일자)

지도 어려울 때였다. 모든 것이 미군의 지원으로 이뤄지고 있었다.

그런데도 이승만은 그렇게 하겠다고 미국을 계속 압박했다. 미국도 그렇게 하지 못할 것이라고 믿었지만 어디로 튈지 모를 이승만의 초강수 정치 행보에 내심 긴장했다. 유엔군사령부는 이에 대한 대책으로 이승만을 제거할 '에버레디 계획(Everready Plan)'을 수립했다.

하지만 미국은 "한국에 이승만을 대신할 반공 지도자가 없다"고 판단하고 이를 철회했다. 이승만도 유엔군에서 국군을 철수시키는 계획을 실행에 옮기지 않았다.

이승만은 두 번째 계획에 착수했다. 그것은 반공포로석방이었다. 당시 미국은 한국 정부의 반공포로석방 요구를 들어주지 않았다. 미국의 그런 처사에 이승만은 격분했다. 워싱턴에서는 그런 이승만을 달래려고 브릭스 (Ellis O. Briggs) 주한미국 대사와 클라크 유엔군사령관을 경무대로 보내 "정전협정 체결에 협력하면 정치적·경제적·군사적 지원을 보장하겠다"고 했다.

이제 미국을 믿지 못하게 된 이승만은 "당신들은 모든 유엔군을 철수시킬 수 있다. 이제 우리의 운명은 우리가 결정한다. 누구에게 싸워달라고도 하지 않겠다. 처음부터 민주주의가 우리를 도울 것이라고 의존한 것이 실수다. 이제 아이젠하워 정부에 협력한다는 보장을 할 수 없다"고 딱 잘라 말했다.

그리고서 이승만은 휴전협상에 찬물을 끼얹게 될 반공포로석방을 단행했다. 1953년 6월 18일의 일이다. 워싱턴과 국제사회가 발칵 뒤집혔다. 미국은 "등 뒤에 칼을 꽂는 배신행위"라고 했고, 공산군 측은 "휴전 후 미국은 한국을 통제할 수 있는가?"라며 볼멘소리를 했다.

유엔 참전 우방국들도 이승만에게 곱지 않은 시선을 보냈다. 하지만 이승만은 "다소 늦었지만 해야 할 일을 했다"며 느긋했다. 상황이 바뀌었다. 휴전을 하려면 앞으로 어떤 돌출행동을 또 할지 모를 이승만을 미국은 달래야 했다. 급기야 아이젠하워(Dwight Eisenhower) 미국 대통령이 서울로 특사를 급파했다.

한미상호방위조약 체결…국익 위한 지도자의 현명한 결단

이승만과 미국 대통령 특사는 경무대에서 20일간 국익을 놓고 치열한 외교전을 치렀다. 결과는 이승만의 완승이었다. 한국은 휴전을 방해하지 않는다는 조건으로 미국과 한미상호방위조약 체결에 합의했다.

그렇게 해서 1953년 10월 1일 한미상호방위조약이 체결됐다. 한미동맹의 시작이었다. 그로부터 65년의 세월이 흘렀다. 한미상호방위조약에 바탕을 둔 한미동맹은 이승만의 예언처럼 대한민국의 생존을 보장했다. 나아가 대한민국을 경제적으로 번영하게 했다.

그 과정에서 이승만은 대한민국이 하찮은 존재가 아닌 미국과 동등한 자격을 지닌 협력국 내지는 동맹국으로서의 대접을 미국에 당당히 요구해 관철했다. 이승만은 전후 대한민국의 생존을 놓고 벌인 투쟁에서 마침내 승리했다. 국가 최대의 위기에서 오로지 국익을 위해 발휘한 국가지도자의 현명한 결단이 아닐 수 없다.

2. 대한민국 국군과 전시작전권

땅·바다·하늘에서 유엔군 일원으로 미군과 어깨 나란히

대한민국 국군의 전시작전권은 한미연합군사령관에게 있다. 국군의 전시작전권이 유엔군사령관에게 넘어간 것은 1950년 7월 14일이었다. 그때는 6·25전쟁이 대한민국에 매우 불리하게 전개되고 있을 때였다.

이승만 대통령은 신성모 국방부 장관과 육해공군총사령관 겸 육군총장 정일권 장군과 상의를 거친 후 전시작전권 이양을 결정했다.

이승만 대통령→유엔군사령관→한미연합사령관으로 인계

이승만 대통령이 유엔군사령관에게 이양한 전시작전권은 전쟁이 끝난 후에도 계속 이어졌다. 그 과정에서 전시작전권은 최초 유엔군사령관에서 한미연합군사령관에게로 인계되어 오늘에 이르고 있다.

유엔군사령관에게 이양한 날로부터는 68년이 됐고, 1978년 한미연합군사령관에게 넘어간 날로부터는 40여 년이 지났다.

이승만 대통령과 미8군부사령관 쿨터 장군, 무초 미국 대사(1951년 8월 14일)

경무대에서 이승만 대통령과 밴플리트 장군(가운데), 백선엽 육군참모총장(1953년 1월 26일)

이승만 대통령, 1950년 7월 14일부로 유엔군사령관에게 이양

6·25전쟁이 일어났을 때 대한민국은 유엔회원국이 아니었다. 그런 관계로 국군도 유엔군이 될 수 없었다. 그런데 유엔안보리에서는 대한민국에 파견될 유엔회원국 군대를 통합 지휘할 유엔군사령부 창설을 결의하고, 이어 유엔군사령관에 맥아더(Douglas MacArthur) 원수를 임명했다.

그때 이승만 대통령은 국군이 유엔군의 일원으로 당당히 싸우게 하기 위한 조치로 국군의 전시작전권을 유엔군사령관에게 위임했다. 그 과정에서 신성모 장관과 정일권 장군은 작전권 이양에 따른 작전상의 문제점 등을 제기했으나, 이승만은 그런 문제는 충분히 해결할 수 있다면서 작전권 이양을 결행에 옮겼다.

이승만 대통령은 유엔군사령관에 임명된 맥아더 원수에게 "현재의 적대 행위가 계속되는 동안"이라는 단서를 달고 국군의 전시작전권을 이양했다. 전쟁이 끝나면 거두어들일 수도 있다는 여지를 남겼다. 작전권 이양에 따라 대한민국 육군과 해병대는 미 제8군사령관의, 해군은 미 극동해군사령관의, 공군은 미 극동공군사령관의 지휘를 받게 됐다. 당시 국군은 소련과 중국의 지원을 받은 북한군을 단독으로 상대하기에는 전력상 아주 버거울 때였다. 바로 그러한 때 이승만은 전시작전권 이양 조치를 취했다.

이승만 대통령은 전시작전권 이양 과정에서 극적인 효과를 연출했다. 유엔군사령관에게 전시작전권을 이양한 1950년 7월 14일은 여러모로 의미가 있는 날이었다. 먼저 이날은 미국 육군참모총장 콜린스(J. Lawton Collins) 장군이 일본 도쿄로 와서 유엔사무총장이 미국 정부에 수여한 유엔기를 유엔군사령관에게 전달한 날이었다.

또 주한유엔군지상군총사령관 겸 미8군사령관 워커(Walton H. Walker) 장군이 일본에서 대구로 날라 와 지휘소를 개소한 후 지상 작전을 처음 전개한 날이기도 했다. 특히 이날은 대전에 있던 육해공군총사령부 겸 육군본부가 대구로 이전한 날이었다. 이승만은 그런 여러 가지 사항을 고려하여 전시작전권을 7월 14일부로 이양했다.

유엔군 일원으로도 싸우고…유엔총회서 한국전쟁 실상 알리게 돼

전시작전권 이양으로 국군은 유엔회원국이 아님에도 유엔군의 일원으로 싸울 수 있게 됐고, 덩달아 대한민국 정부도 유엔에 대표를 보내 유엔총회에서 한국의 전쟁 실상을 국제사회에 알릴 수 있게 됐다. 특히 유엔군으로 일원으로 싸우게 된 국군은 이후 미국으로부터 막대한 무기와 장비 그리고 탄약 등을 제공받을 수 있게 됐다. 국군의 전투력이 급격히 향상됐다.

이승만의 전시작전권 이양에는 그런 전략적 의도가 담겨 있었다. 그때부터 국군은 지상과 바다 그리고 하늘에서 미군과 어깨를 나란히 하며 연합작전을 수행하게 됐다. 이는 결국 한미동맹으로 연결되는 촉매제 역할을 하게 됐다.

전시작전권은 정전협정 체결 후 한미상호방위조약 체결 과정에서 수정됐다. 미국은 한미상호방위조약을 체결하고, 이를 이행할 한미합의 의사록을 결정짓는 과정에서 국군의 작전권을 유엔군사령관에게 둔다고 규정했다. "유엔군사령부가 한국방위에 대한 책임을 지는 동안 한국군의 작전통제권을 유엔사의 지휘하에 둔다"며 전시는 물론이고 평시에도 국군에 대한 작전통제권을 행사하게 됐다. 6·25전쟁 시 행사한 작전권은 전시에 한정된 작전통제권이었으나, 휴전 후에는 평시에도 행사하는 것으로 확대됐다.

휴전 후…전작권 양보 대신 경제·군사적 지원받아

휴전 후 이승만은 작전권을 양보하고, 그 대가로 미국으로부터 엄청난 경제적·군사적 지원을 얻어냈다. 작전권이 명시된 1954년 한미합의의사록에 의하면, "미국은 한국에게 1955년 회계연도에 4억2천만 달러의 군사원조와 2억8천만 달러의 경제 원조를 제공하고, 10개 예비사단의 추가 신설과 79척의 군함, 그리고 약 100대의 제트전투기를 제공한다"고 했다.

그리고 대한민국 국군의 병력 수도 육군 66만1천 명, 해군 1만5천 명, 해병대 2만7천5백 명, 공군 1만6천5백 명 등 72만 명의 상비군을 유지하도록 했다. 여기에 들어가는 비용은 대부분 미국의 군사원조로 충당됐다.

작전권 이양으로 대한민국은 72만의 상비군을 유지하고 세계 최강의 미국과 동맹 관계를 맺게 됐다. 이는 어느 모로 보나 대한민국에게 일방적으로 유리한 조건이었다. 미국으로부터 이처럼 막대한 원조를 받으면서 대한민국이 미국에게 준 것은 "유엔사가 한국방위를 책임지는 동안 작전권을 이양한다"는 것뿐이었다. 한국으로서는 미국으로부터 막대한 원조도 받고, 한국방위도 책임져 주는 이중의 성과를 거뒀다. 일거양득(一擧兩得)이었다. 엄청난 외교적, 군사적 성과가 아닐 수 없었다.

작전권은 5·16 이후 유엔군사령부에 있다는 것이 다시 한번 확인됐을 뿐그 골격은 그대로 유지됐다. 1961년 5월 26일 국가재건최고회의는 "유엔군사령관은 한국을 외부의 공산 침략으로부터 방위함에 있어서만 한국군에 대한 작전통제권을 행사할 수 있다"고 합의했다. 그로부터 17년 후인 1978년 한미연합군사령부 창설로 작전권에도 변화가 생겼다. 한미연합사 창설로 국군에 대한 작전권이 유엔사에서 한미연합사로 이관됐다. 그렇게 됨으로써 작전권 행사에 적지 않은 변화가 생겼다.

한미연합사 창설 후… 전작권 한미 양국 수뇌부 공동 행사

그것은 국군의 작전권을 한미 양국 수뇌부가 공동으로 행사하도록 되어 있었다. 다만 그 실행을 미군 4성 장군인 한미연합사령관이 지휘하도록 했다. 이를 보완하기 위해 지상군구성군사령관에 한국군 4성 장군이 맡는 한미연합사부사령관이 지휘하도록 했다. 그리고 공군구성군사령관에는 미군 장성이, 그리고 해군구성군사령관에는 한국해군의 제독이 맡도록 했다. 그러다 1994년 평시 작전권이 우리나라 합참의장에게 전환됐다. 이때부터 한미연합사는 전시작전권만 행사하게 됐다.

6·25전쟁 시 유엔군사령부가 행사했던 건 전시작전권이었다. 6·25전쟁 시 유엔사는 유엔회원국의 전투부대 파병 16개국 군대와 의료지원 5개국 군대를 총지휘했다. 그때 유엔군사령부는 완전히 미군 장교로만 편성되어 운영됐다. 부사령관 직책은 아예 두지도 않았다. 미국 일변도의 지휘체계였다. 그것에 비하면 전시작전권을 공동으로 행사하는 한미연합사의 지휘체계는 크게 발전되었음을 알 수 있다. 국력의 신장과 국군의 작전지휘 능력 향상에 따른 미국의 배려가 엿보인다. 이는 혈맹으로 다져진 한미동맹의 참다운 동반자 관계의 소산이라는 점에서 그 의미가 크다 하겠다.

3. 국군과 함께한 유엔군사령부(UNC)의 70년 역사

한반도 안정·평화 위한 임무 '70년 동행'

1950년 7월 7일 창설, 현재까지 한반도 정전체제 관리

초대 유엔군사령관 맥아더 원수, 한국전선 유엔군 통합지휘

1950년 7월 14일 전작권 이양, 유엔군과 나란히 대한민국 수호

미국 육군참모총장 콜린슨 장군이 맥아더 유엔군사령관에게 유엔기를 인계하고 있는 장면(1950.7.17)

유엔군사령부(United Nations Command)는 6·25 전쟁 시 국군과 유엔군을 통합 지휘한 최고사령부였다. 유엔군사령부는 북한의 침략을 받은 대한민국을 돕기 위해 1950년 7월 7일 유엔안전보장이사회의 결의에 의해 창설됐다. 유엔군사령부 창설 결의는 유엔안전보장이사회가 6·25전쟁 발발 이래 취한 세 번째 조치였다.

6·25전쟁의 산물, 국군과 함께 한 70년

유엔군사령부 창설은 대한민국을 군사적으로 돕기 위해 파견될 유엔회

원국 군대를 통합 지휘하기 위해서였다. 그런 유엔군사령부가 2020년 현재까지 한반도의 정전체제를 관리하며 여전히 존속하고 있다. 한반도의 평화와 안정을 위해 국군과 함께 실로 70년의 세월을 보내고 있는 셈이다. 유엔 역사상 전무후무한 일이 아닐 수 없다.

유엔군사령부는 철저히 6·25전쟁의 산물이었다. 6·25전쟁 때문에 탄생한 유엔군의 최고사령부였다. 유엔안전보장이사회에서는 유엔군사령부의 창설을 결의할 때 사령관 임명, 사령부 운영, 전쟁 지도 등 사령부 편성 및 운영에 대한 모든 권한을 미국 정부와 대통령에게 일임(一任)했다. 당시 창설된 지 갓 5년밖에 안 된 유엔의 입장에서는 방대한 유엔군사령부를 운영할 조직과 예산 그리고 능력을 갖추고 있지 못했다.

그런 까닭으로 국제평화와 안전에 대한 책임을 지고 있던 유엔안전보장이사회에서는 유엔군사령부에 대한 모든 권한을 미국 정부에게 위임하고 유엔이 부여한 전쟁목표와 정책을 수행하도록 했다. 대신 미국 정부는 유엔군사령부로 하여금 2주에 한 번씩 유엔안전보장이사회에 보고서를 제출하도록 했다. 이에 유엔군사령부는 6·25전쟁 37개월 동안 74회에 걸쳐 보고서를 미국 정부를 통해 유엔안전보장이사회에 꼬박꼬박 제출했다.

맥아더 사령관 최초 임무, '38도선 회복'

유엔안전보장이사회로부터 유엔군사령부의 편성 및 운영에 대해 전권(全權)을 위임받은 트루먼(Harry S. Truman) 미국 대통령은 미 합동참모본부의 추천에 따라 당시 미 극동군사령관이던 맥아더(Douglas MacArthur) 원수를 초대 유엔군사령관에 임명했다. 그리고 한국전선에의 유엔군을 통합 지휘하도록 했다. 맥아더 유엔군사령관에게 주어진 최초의 임무는 "적군을 38도선 이북으로 격퇴하고 38도선을 회복하는 것"이었다.

그때가 1950년 7월 10일이었다.

유엔군사령관에 임명된 맥아더 원수는 유엔군사령부를 구성해 한국전선의 유엔군을 지휘해야 했다. 그때 맥아더 장군은 일본점령 연합군총사령관 겸 미 극동군사령관을 겸하고 있었다. 그래서 맥아더 장군은 별도로 유엔군사령부를 편성하지 않고, 자신이 맡고 있던 미 극동군사령부 조직을 그대로 유엔군사령부로 운영했다. 그렇게 해서 미 극동군사령부에 유엔군사령부가 설치됐다. 그때가 1950년 7월 24일이다. 당시 한국에서의 전황은 국군과 미군이 낙동강으로 밀리고 있었다.

유엔군사령부는 미 극동군사령부 예하의 조직을 유엔군사령부의 전력으로 전환하여 한국전선에 투입했다. 당시 미 극동군사령부에는 극동육군사령부, 극동해군사령부, 극동공군사령부가 있었다. 그런데 당시 극동육군사령관은 별도로 두지 않고, 극동군사령관이던 맥아더 원수가 겸직(兼職)하고 있었다. 극동육군사령부 밑에는 미8군사령부가 있었다.

유엔군사령관 겸 미8군사령관 이·취임식(1976년 10월 8일). 스틸웰(오른쪽) 대장이 신임 베시 사령관에게 유엔기를 인계하고 있다.

6·25전쟁 발발 당시 미8군사령관은 워커(Walton H. Walker) 육군 중장, 미 극동해군사령관은 조이(Turner C. Joy) 해군 중장, 그리고 미 극동공군 사령관은 스트레트메이어(George E. Stratemeyer) 공군 중장이었다. 조이 해군 중장은 1951년 7월 휴전회담이 열릴 때 초대 유엔군 측 수석대표를 맡았던 인물이다.

유엔군사령부는 일본에 주둔하고 있던 미 극동군사령부의 전력과 유엔 회원 16개국에서 파병한 전투부대와 5개국에서 파병한 의료지원부대를 총지휘했다. 여기다 1950년 7월 14일 이승만 대통령이 유엔군사령관 맥아더 원수에게 국군의 작전통제권을 이양(移讓)함에 따라 국군의 육·해·공군 및 해병대도 통합 지휘했다.

당시 대한민국은 유엔회원국이 아니었기 때문에 유엔군의 일원으로 싸우기 위해서는 작전통제권 이양이 불가피했다. 그렇게 해서 국군도 유엔기(UN旗) 아래 유엔군과 당당히 어깨를 나란히 하며 대한민국을 수호할 수 있게 됐다.

1957년 유엔군사령부 서울로 이전

1953년 7월 27일 정전협정이 체결되고, 이후 주한미군이 철수하게 되자한국에 주둔하고 있던 미8군사령부도 유엔군사령부가 있던 일본 도쿄(東京)로 철수했다. 그러다 1957년 해외에 주둔하고 있던 미국의 통합사령부에 대한 조직 개편이 있었다. 한반도와 일본을 포함한 태평양지역을 담당할 태평양사령부가 새로 창설되고, 그에 따라 일본과 한반도 방위 임무를 맡고 있던 미 극동군사령부가 태평양사령부에 흡수되면서 해체됐다. 그때가 1957년 6월 30일이다.

그렇게 되자 유엔군사령부가 본연의 임무인 한반도에 대한 방어 임무 및 정전체제 관리를 위해 서울로 이전하게 됐다. 1957년 7월 1일의 상황이다.

유엔군사령부의 서울 시대가 개막됐다. 때맞춰 초대 유엔군사령관으로 6·25전쟁 시 대한민국 수호에 지대한 공헌을 했던 맥아더 장군의 동상을 인천상륙작전 기념일인 1957년 9월 15일 세우게 됐다. 이로써 유엔군사령부가 창설된 지 7년 만에 모든 것이 제자리를 찾게 됐다.

유엔군사령부가 서울로 이전할 때 미8군사령부도 함께 왔다. 6·25전쟁 시 군사지휘부 역할을 했던 고급사령부가 모두 오게 된 셈이다. 한국으로 오면서 유엔군사령관의 직책에도 변화가 있었다. 유엔군사령관은 주한미군사령관을 겸하면서 주한미육군사령관, 즉 미8군사령관을 겸하게 됐다. 그에 따라 유엔군사령관의 임무는 한국에 대한 방위책임과 정전체제를 관리하게 됐다. 그런 체제는 1978년 한미연합군사령부가 창설될 때까지 유지됐다. 그러다 1992년부터는 별도로 미8군사령관을 두게 됐다.

유엔군사령관은 국군과 함께 70년의 세월을 보내면서 직책에 적지 않은 변화를 보였다. 유엔군사령부가 일본에 주둔하고 있던 1950년부터 1957년까지 유엔군사령관은 극동군사령관을 겸직했다. 그러다 유엔군사령부가 서울로 이전한 1957년부터 한미연합군사령부가 창설된 1978년까지 유엔군사령관은 주한미군사령관·한미연합군사령관·미8군사령관을 겸했다. 한 사람이 4개의 직책을 수행한 셈이다. 그러다 미8군사령관을 별도로 둔 1992년부터 2020년 현재까지 유엔군사령관은 한미연합군사령관과 주한미군사령관만 겸직하고 있다.

그렇게 되면서 유엔군사령부의 임무에도 변화가 생겼다. 유엔군사령부는 한미연합군사령부에 전시 한반도 작전에 대한 권한을 인계하고, 대신 정전체제 유지와 유사시 유엔참전국이 보내는 병력을 한반도로 동원하는 임무를 수행하게 됐다. 그런 점에서 유엔군사령부의 임무와 역할은 한반도

의 지속적인 안정과 평화를 위해 여전히 중요하다. 유엔군사령부의 역할을
계속 기대해 본다.

4. 대한민국 국군 속의 미군, '주한미군사고 문단(KMAG)'

주한미군사고문단이 한국군에게 기관총 조작훈련을 시키고 있는 모습

주한미군사고문단(United States Military Advisory Group to the Republic of Korea)은 대한민국 국군 속의 미군으로 존재하며 6·25전쟁을 전후하여 국군의 작전 수행·교육 훈련·부대 증편 등에 대한 지도 및 자문역할을 했다.

특히 주한미군사고문단은 6·25 전쟁 시 국군의 전쟁 수행과 전투력 증강에 기여하면서 '국군의 대부(代父)' 역할을 했다. KMAG은 현재 주한미합동군사고문단

(JUSMAG-K)으로 명칭이 변경되어 활동하고 있다.

미 군정 종식 후 국군 교육 훈련군사 원조 위해 1949년 7월 정식 창설

주한미군사고문단(KMAG)은 대한민국 정부 수립 이후 설치된 '임시군사고문단(Provisional Military Advisory Group)'을 모체로 1949년 7월 1일 정식으로 창설됐다. 임시군사고문단(PMAG)은 8·15광복 이후 해방공간에서 남한을 통치해 온 미군정이 종식되고 1948년 8월 15일 대한민국 정부가 수립되자 국군에 대한 교육 훈련과 한국에 제공되는 군사 원조의 계획수립 및 원활한 집행을 감독하기 위해 설치됐다. 설치 당시 임시군사고문단은 장교 92명과 사병 148명으로 출발했다.

그러다 주한미군이 1949년 6월 30일 완전히 철수하게 되자, 임시군사고문단이 주한미군사고문단으로 정식 발족됐다. KMAG은 1950년 1월 26일 서울에서 한미 양국의 대표가 '주한미군사고문단 설치에 관한 협정'에 서명함으로써 이뤄졌다.

이때 한국 대표는 신성모(申性模) 국방부 장관과 김도연(金度演) 재무부 장관이었고, 미국 대표는 초대 주한미국대사인 무초(John J. Muccio)였다. 이 협정은 서문을 포함하여 총 14개 조항으로 되어 있다. 설치 목적은 대한민국 군대와 경찰의 조직을 통제하고 훈련하는 데 있어 한국 정부를 자문하고 보좌하는 것이었다.

그리고 군사고문단의 수는 500명을 넘지 않도록 제한했다. 그렇지만 6·25전쟁 때는 최고 2천 명에 달했다. 6·25전쟁 발발 당시 미군사고문단은 장교 186명, 준사관 1명, 사병 288명, 간호원 1명 등 476명이었다. 이 협정은 1949년 7월 1일부로 소급 적용됐다.

창설 후, 국군 지휘관·참모 사무실에 업무 파트너로서 군사고문관 파견

출범 당시 KMAG은 지휘부와 국군부대 지원 고문단으로 편성됐다. 지휘부에는 고문단장, 참모장·부참모장이 있었고, 참모부는 인사(G-1)·정보(G-2)·작전(G-3)·군수(G-4)참모, 그리고 특별참모인 부관·통신·공병·병참·병기·법무·헌병장교가 있었다. 초대 군사고문단장은 기갑장교 출신의 로버츠(William L. Roberts) 육군 준장이었고, 참모장은 라이트(William H. S. Wright) 육군 대령이었다. 6·25전쟁 때 고문단장 계급은 소장이었다.

국군에 파견된 군사고문관들은 국방부, 육군본부와 대대급 이상 부대, 해·공군부대, 각군 학교기관, 국립경찰 등 광범위했다. 이들 군사고문관들은 주로 육군부대에 많이 배치되었으며, 근무형태는 '상대역제도(counterpart system) 개념'에 의해 이뤄졌다. 군사고문관들은 자신의 업무 파트너(partner)인 국군 지휘관 및 참모 사무실에 책상을 갖다놓고 자신의 파트너에게 지휘 조언을 포함하여 인사·정보·작전·교육 훈련·군수 분야 등 자신의 맡은 직무 분야에 대해 자문을 아끼지 않았다.

창설부터 6·25전쟁 이전까지 KMAG의 지휘체계는 매우 복잡했다. KMAG은 미 육군부(Department of the Army)의 통제를 받는 직할부대이면서, 주한미대사인 무초의 작전지휘를 받는 이중적 형태의 지휘 구조를 갖고 있었다. 그 당시 일본에는 극동지역을 책임지고 있는 미 극동군사령부(Far East Command)가 존재하고 있었음에도, KMAG은 미 극동군사령부의 지휘계통에서 벗어나 있었다. 맥아더(Douglas MacArthur) 원수가 지휘하는 미 극동군사령부는 KMAG에 대해 군수지원과 한국에서 비상상황 발생 시 한국 내 미국인을 철수시키는 임무만 부여됐다.

KMAG에 대한 지휘 관계가 그렇게 된 데에는 맥아더 장군의 요청 때문이었다. 맥아더 장군은 필리핀에서 군사고문단에 대한 좋지 않은 경험을 갖고 있었다. 태평양전쟁 이전 필리핀에서 미군사고문단을 책임졌던 맥아더 장군은 당시 워싱턴의 간섭이 너무 심해 제대로 일을 할 수가 없었다. 그래서 맥아더는 "책임만 있고 권한이 없는 필리핀에서의 군사고문단 운영 경험을 내세워 KMAG에 대한 형식적인 작전지휘권을 맡지 않겠다"고 했다.

미 육군부는 그런 맥아더 장군의 건의를 받아들여 작전지휘는 주한미국대사에게 맡기고, 미 극동군사령부는 KMAG에 대한 군수지원만을 수행토록 했다. 대신 KMAG의 모든 군사전문(電文)과 보고서는 도쿄의 미 극동군사령부를 경유하여 워싱턴에 보고토록 했다. 그 결과 6·25전쟁 발발 당시 KMAG은 군사문제에 대해서는 무초 주한미대사의 지시를 받은 후, 그 내용을 미 극동군사령관 맥아더 원수에게 알리고 워싱턴의 육군부로 보고하는 방식을 취했다.

전쟁 발발 후 2차 세계대전 쌓은 경험 토대로 작전 수행·교육 훈련 등 지도·조언

하지만 KMAG의 지휘체계는 6·25전쟁 이후 완전히 바뀌었다. 전쟁 발발 이틀 후인 1950년 6월 27일에 한반도에 대한 작전 책임이 미 극동군사령관 맥아더에게 부여됐다. 이에 맥아더 장군은 미 극동군사령부 '전방지휘소 겸 연락단(ADCOM)'을 최초 수원에 설치하고, KMAG의 작전지휘권을 전방지휘소장 겸 연락단장 처치(John H. Church) 육군 준장에게 부여했다. 이때부터 무초 미국대사는 KMAG에 대한 작전지휘권을 상실했다.

이후 일본 주둔 미군 사단 중 최초로 한국전선에 투입된 미24사단장 딘(William F. Dean) 육군 소장이 주한미군사령관을 겸직하면서 1950년 7월 4일부로 KMAG의 작전지휘권을 딘 장군이 행사하게 됐다. 그러다 미8군사령부가 한국으로 오면서 KMAG의 작전지휘권이 미8군사령관이 갖게 됐다. 그때가 1950년 7월 13일이다. 이때부터 전쟁이 끝날 때까지 KMAG에 대한 작전지휘권은 미8군사령관이 행사했다. 그럼에도 KMAG은 '국군 속의 유일한 미군'으로 계속 활동했다.

KMAG이 출범한 지도 어언 70년이 지났다. 그동안 KMAG은 전투경험이 부족한 국군 지휘관 및 참모들에게 제2차 세계대전을 통해 쌓은 경험과 군사 지식을 아낌없이 전수했다. 특히 6·25전쟁 시 KMAG은 국군의 일원으로 행동함에 따라 미군 부대에 근무하는 그들의 동료에 비해 열악한 근무환경과 산악지형으로 된 최악의 작전 환경에서 자유민주주의 체제의 대한민국 수호와 전후 국군의 전투력 증강에 노력했다. 그런 점에서 그들은 6·25전쟁을 전후하여 '국군 지휘관과 참모의 나침반' 역할을 한 셈이다. 그런 KMAG에게 60만 국군과 함께 뒤늦게나마 무한한 고마움을 표한다.

패럴(F. W. Farrell) 미 군사고문단장(왼쪽)과 워커 미8군사령관(1950년 8월 18일)

5. 미군 속의 대한민국 국군 '카투사(KATUSA)'

6·25때 미군 지원 임무…한미동맹 살아있는 증인

카투사(Korean Augmentation To the United States of America)는 주한 미군에 배속된 대한민국 국군을 일컫는다. 'KATUSA'는 영문자의 머리글자를 따서 만든 용어다.

카투사 제도는 6·25전쟁 발발 이후 생긴 일종의 병역제도로서 주한 미육군을 지원하기 위해 미8군에 근무하는 국군 부사관과 병사들을 지칭한다. '국군 속의 미군'을 의미하는 주한 미 군사고문단(KMAG)과는 반대되는 개념이다.

1950년 8월 15일, 이승만 대통령과 맥아더 장군 합의에 따라 발족

카투사 제도는 1950년 8월 15일에 이승만(李承晚) 대통령과 유엔군사령관 겸 미 극동군사령관이던 맥아더(Douglas MacArthur) 원수(元帥)의 합의에 따라 이뤄졌다. 설치 이유는 미군의 부족한 병력을 보충하고, 나아가 전쟁에 투입되는 미 지상군 부대의 전투임무수행을 지원하기 위해서다.

이세호 육군참모총장이 '카투사의 날' 기념식에서 격려하고 있는 모습(1978년 8월 21일)

카투사 장병들의 훈련 모습(미4유도탄사령부, 1974년 4월)

6·25전쟁 시 미 지상군이 투입되기 시작한 것은 1950년 7월이었다. 그때 상황은 미군에게 최악이었다. 미국의 참전이 결정되면서 한국에 투입된 미군 부대는 미 본토병력이 아니라 일본에 주둔하고 있던 미8군 예하의 사단들이었다. 당시 일본에는 점령 임무를 위해서 미8군 예하에 4개 사단이 있었다. 주일 미군 사단들은 한반도에서 가장 가까운 남쪽의 큐슈(九州)지역의 미24사단부터 북쪽으로 미25사단, 미1기병사단, 그리고 홋카이도(北海島)의 미7사단 순으로 배치되어 있었다.

그런데 이들 일본 주둔 미군사단들은 전투 발휘에 충분한 구조가 아니라, 3분의 1이 감소(減少)된 전투에 부적합한 편성이었다. 원래 사단의 1개 보병대대는 3개 중대, 1개 보병연대는 3개 대대인데 반해, 6·25전쟁 발발 당시 주일 미군 사단들은 1개 보병대대에 2개 중대, 1개 보병연대에 2개 대대로 편성되어 있었다. 포병부대도 마찬가지였다. 평시체제에서 단순한 점령 임무를 수행하다 보니까 그렇게 되었다.

그런 상태에서 1950년 6월 30일 워싱턴에서 미 지상군 참전이 결정되자, 미 극동군사령관 맥아더 장군은 한반도에서 가장 가까운 큐슈 지역에 배치된 미24사단을 가장 먼저 한국전선에 보냈다. 이어 미25사단과 미1기병사단이 차례로 파병됐다. 이 모두가 인천상륙작전 이전인 1950년 7월 한 달 동안 이뤄졌다.

하지만 미 지상군의 지원에도 불구하고 한국에서의 전선 상황은 나아질 기미가 보이지 않았다. 전선은 계속으로 남쪽으로 밀려 최후의 방어선이라고 할 낙동강까지 밀려났다. 그때 유엔군사령부가 설치되어 초대 유엔군사령관에 임명된 맥아더 장군은 "한국에서의 던커크(Dunkirk)는 없다"고 못을 박았다.

던커크는 2차 세계대전 초기 독일의 구데리안(Heinz W. Guderian) 장군이 지휘하는 기갑군단에 밀려 영국과 프랑스 연합군이 제대로 전투 한번 못하고 영국으로 철수하기 위해 프랑스 북부의 항구도시인 던커크로 철수한 상황을 두고 한 말이다. 맥아더의 그런 '불퇴전(不退轉)의 의지'를 간파한 미8군사령관 워커(Walton H. Walker) 중장은 낙동강 전선을 반드시 지켜내겠다는 각오에서 '사수명령(死守命令, Stand or Die)'을 내렸다. 죽음으로써 낙동강 전선을 사수하자는 결의였다.

당시 전선 상황이 미국이 기대했던 것과는 달리 악화된 데에는 두 가지가 있었다. 하나는 6·25 이전 소련으로부터 전차와 전투기를 비롯한 현대식 무기와 장비를 지원받고, 중국으로부터는 중공군에 소속돼 국공내전(國共內戰)에서 전투경험이 많은 5-6만 명에 달하는 한인(韓人) 병사를 지원받은 북한군의 전력이 그만큼 컸다는 것이었다.

다른 하나는 한국전선에 뛰어든 미 지상군의 전투력이 북한군에 비해 상대적으로 떨어졌다는 것이었다. 그 가운데 미군에게 가장 치명적인 약점은 병력 부족이었다. 원래 감소 편성되어 있던 주일 미군 사단이 병력이 부족한 상태로 투입된 데다, 본토 병력이 투입되기에는 시간이 충분치 않았기 때문이다. 거기다 인천상륙작전에 투입될 미7사단은 앞서 투입된 미군 사단들에 병력을 지원해 줬기 때문에 병력 부족에 더욱 어려움을 겪었다.

미7사단 첫 배치…인천상륙작전에 8637명 투입

맥아더 유엔군사령관은 어떻게 해서든지 당장 부족한 병력문제를 해결하지 않으면 안 되었다. 그래서 착안한 것이 바로 한국군을 미군에 배속시켜 싸우게 하는 것이었다. '미군 속에 국군'을 만든다는 기발한 구상이었다. 그렇게 해서 카투사 제도가 도입됐다. 맥아더 사령부의 요청을 받은 이승만 정부도 쾌히 승낙했다.

그렇게 해서 카투사 제도가 본격적으로 시작됐다. 그때가 1950년 8월 중순이었다. 카투사는 미7사단부터 먼저 지원됐다. 1950년 8월 16일 313명이 미7사단에 먼저 배속됐고, 이후 한국전선에서 투입된 미군 사단들까지 카투사를 지원하게 됐다.

특히 인천상륙작전에 선발된 미7사단에는 카투사 8천637명이 지원됐다. 미7사단의 3분의 1을 훨씬 넘는 엄청난 숫자였다. 이후 카투사는 미군 사단의 소총 중대 및 포병 중대에 100명씩 배치됐다. 그 결과 카투사가 가장 많이 배치될 때는 27,000명에 이르렀다.

미군에 배속된 카투사들은 처음에는 '전우조(戰友組·Buddy System)'라 하여 미군과 함께 짝을 이루어 임무를 수행했다. 그러다 어느 정도 적응이 되면서 카투사만으로 이뤄진 분대나 소대를 편성하여 운영했다. 이때는 미군 장교나 부사관들이 카투사 부대를 지휘했다. 카투사 제도가 자리를 잡게 되면서 최초 도입됐던 전우조는 폐지됐다.

6·25전쟁 시 미군에 배치된 카투사들은 정찰이나 순찰 등 경계 임무를 수행하기도 하고, 때로는 기관총·박격포·무반동총 등 중화기와 탄약을 험한 지형을 따라 운반하기도 하고, 그리고 방어진지를 구축하고 위장을 실시하는 등 다양한 임무를 수행하면서 미군의 작전을 지원했다. 특히 카투사들은 언어장벽, 훈련 부족, 전술·전기의 결여 등 어려운 전장 환경에도 불구하고, 전투현장에서는 미군과 똑같이 위험을 무릅쓰며 전투 임무를 수행했다.

현재 3000명 한미연합작전에 최선

2020년 현재 주한 미군 속에는 3천여 명에 달하는 카투사들이 '미군 속의 국군'으로 여전히 활동하고 있다. 오늘날 카투사는 한미동맹의 산증인으로서 동맹 발전에 부단히 노력하고 있다. 이뿐만 아니라 6·25전쟁 때 그들의 선배들이 그랬던 것처럼 한미연합작전을 위해 최선을 다하고 있다.

그런 점에서 카투사는 '한미동맹의 살아있는 상징' 또는 '대한민국 국군과 미군과의 실질적인 교량 역할'을 하면서 "같이 갑시다!"라는 한미동맹 정신을 몸소 실천하고 있다. 그런 카투사들에게 힘찬 격려와 함께 박수를 보낸다.

6. 대한민국 국군의 안보동반자, 한미연합군 사령부

한반도 전쟁억지력 발휘…한미동맹의 최고 상징

한미연합군사령부(ROK-US Combined Force Command)는 한미동맹의 최고 가치이자 상징으로서 한반도에서의 전쟁억지력을 발휘하고 있다.

한미연합군사령부(이하 한미연합사)는 1970년대 급변하는 한반도 주변 정세에 적극적으로 대처하고, 주한미지상군 철수를 보완하며, 한미연합작전능력을 향상하기 위해 창설됐다. 현재 한미연합사는 유엔군사령부로부터 위임받은 한미 양국의 작전부대에 대한 전시작전통제권을 행사하고 있다.

한미연합군사령부 청사 전경

1978년 서울 용산에서 정식 출범

한미연합사는 1978년 11월 7일 서울 용산에서 창설식을 갖고 정식으로 출범했다. 유엔군사령부 연병장에서 열린 창설식에는 박정희 대통령을 비롯하여 노재현(盧載鉉) 국방부 장관 미국의 브라운(Harold Brown) 국방부 장관, 한미합참의장인 김종환(金鍾煥) 육군 대장과 존스(David C. Jones) 미 공군 대장, 한미연합사 초대 사령관 베시(John W. Vessey, Jr.) 육군 대장과 초대 부사령관 유병현(柳炳賢) 육군 대장 등 한미군 수뇌부가 참석해 성대히 거행됐다.

창설식이 끝나자 박정희(朴正熙) 대통령은 '평화의 보루'라고 새겨진 휘호 제막식을 가졌다. 이로써 대한민국을 외부의 침략으로부터 방위할 '한미연합사 시대가 활짝 열리게 됐다.

박정희 대통령이 베시 사령관에게 한미연합사 부대기를 수여하고 있다(1978년 11월 7일)

한미연합군사령부의 새 청사는 한국건축의 전통미를 한껏 살린 한옥 형태의 건물로 한진그룹의 조중훈(趙重勳) 회장의 도움을 받아 건립됐다. 당시 한미연합사 창설준비위원장이던 유병현 장군은 사령부 청사 건립만은 우리의 힘으로 만들 것을 결심하고, 조중훈 회장에게 부탁했다. 조중훈 회장은 베트남전쟁 시 맹호부대 지역에서 항만하역과 육로수송 사업을 했는데, 그때 맹호부대 사단장이 유병현 장군이었다. 그런 인연으로 유병현 장군이 청사

건립을 부탁하자, 조중훈 회장은 한미동맹에 기여한다는 차원에서 적은 예산에도 기꺼이 연합사 청사를 건립해줬다.

브라운 미 국방부 장관은 창설식 축사에서 박정희 대통령에게 "훌륭한 사령부 건물을 선사해 주시고, 연합사의 탄탄한 앞날을 축복해 주셔서 감사하다"는 말을 잊지 않았다.

한미 양국 대통령이 지휘하는 공동사령부

한미연합사 창설은 대한민국과 미국 국가통수기구의 승인과 1978년 7월 27일 제11차 한미연례안보협의회의(SCM) 결정에 따른 것이었다. 한미연합사의 특징은 한미 양국의 대통령이 양국의 국방부 장관과 합참의장의 보좌를 받아 운영되는 국가군사지휘기구(National Military Command Authority)를 통해 지휘하는 방식이었다. 유엔군사령부처럼 미국 주도의 일방적 지휘방식이 아니라 한미 양국의 대통령이 함께 지휘하는 '공동사령부'다.

그러다 보니 연합사가 수행해야 할 임무도 한미연례안보협의회의나 군사위원회에서 내린 전략지침과 전략지시에 따랐다. 한미연합사의 특징은 철저히 한미 양국 군이 공동으로 운용한다는 점이다. 지휘부는 물론이고 참모부도 한미 양국의 고급장교가 골고루 맡았다. 미군이 부장을 맡으면 한국군이 차장을 맡고, 한국군이 부장을 맡으면 미군이 차장을 맡는 방식이었다.

한미연합사는 임무를 보다 효율적으로 수행하기 위해 지휘부 밑에 지상군·해군·공군구성군사령부를 설치하여 운용했다. 이와 별도로 한미연합사에는 한미연합특전사령부와 한미연합해병대사령부를 설치하여 유사시에 대비하고 있다.

한미연합사 창설 기념식(1985년)

지상군구성군사령부에는 최초 연합사령관이 겸직하다가 1992년부터 연합사부사령관인 한국군 장성이 맡고 있고, 공군구성군사령부는 미군 장성이, 해군구성군사령부는 한국군 제독이 맡고 있다. 지상군구성군사령부는 연합사 창설명령 제1호에 의해 서울 용산에, 해군구성군사령부는 연합사 창설명령 제2호에 의해 진해에, 공군구성군사령부는 연합사 창설명령 제3호에 의해 오산에 각각 설치됐다.

사령관·부사령관에 각각 한미 4성 장군

한미연합사 사령관은 미 육군의 4성 장군이 맡고 있고, 한미연합사 부사령관은 한국군 4성 장군이 맡고 있다. 초대 사령관인 존 베시(John W. Vessey Jr.) 육군 대장은 역대 연합사령관이 대부분 미 육군사관학교인 웨스트포인트 출신인 것과는 대조적으로 사병 출신이다.

존 베시 장군은 제2차 세계대전이 일어나자 전화도 없는 시골에서 어린

나이에 병사로 자원입대하여 이탈리아 전선에서 많은 전공을 세우고 소위로 임관하여 4성 장군으로 오른 입지전적(立志傳的)인 인물이다. 베시 대장은 중령 때 미8군에서 작전기획장교로 근무하면서 한국과 인연을 맺었다. 그는 '사병의 장군' 또는 '상식적인 사람'으로 통할 만큼 남을 이해하고 배려할 줄 아는 마음이 열린 장군이었다. 그러기에 초대 부사령관이던 류병현 대장과 호흡을 맞추며 초창기 한미연합사의 기초를 단단히 다질 수 있었다.

2018년 11월에 부임한 현재의 에이브럼스(Robert Abrams) 사령관은 한국과 인연이 깊은 장군이다. 그의 아버지는 6·25전쟁 때 한국전에 참전했고, 베트남전 시 미군 사령관을 역임하고 미 육군참모총장이 된 크레이큰 에이브럼스(Creighton W. Abrams) 장군이다. 에이브럼스 장군의 후임은 2020년 12월 4일 내정된 라캐머러(Paul J. LaCamera) 대장이다.

초대 류병현 장군부터 29대 김승겸 대장까지

한미연합사령관과 함께 연합사 지휘부를 구성하고 있는 부사령관은 한국군 4성 장군이 맡고 있다. 한미연합사 부사령관은 초대 유병현 장군 이래 2020년 현재 29대 김승겸 대장에 이르기까지 육군 출신 장군들이다. 그것도 3대 박노영(朴魯榮) 대장을 제외하고는 모두 육군사관학교 출신들이다. 연합사부사령관은 지상군구성군사령관을 겸직하고 있기 때문에 유사시 한반도의 지상군 부대를 지휘하는 지상군총사령관인 셈이다.

그런 까닭인지 연합사부사령관들 중에는 육군총장·합참의장·국방부 장관에 오른 인물들이 유난히 많다. 국방부 장관에는 이상훈(4대)·김동진(9대)·김동신(12대)·김장수(17대) 등 4명이 있고, 합참의장에는 유병현(1대)·김동진(9대)·정승조(22대) 등 3명이 있다. 그리고 육군참모총장에는 김진영(8대)·김동진(9대)·김동신(12대)·남재준(15대)·김장수(17대)·황의돈(21대)·권오성(23대) 등 7명이나 된다. 이는 연합사부사령관의 위상이 그만큼 높아졌다는 것을 의미한다.

한국군 4성 장군이 맡고 있는 연합사 부사령관에도 이제 변화가 필요하다. 연합작전의 향상과 각 군의 균형 발전 그리고 군내 출신별 화합 차원에서 합참의장을 배출한 바 있는 ROTC 출신 장교나 육군3사관학교 출신의 부사령관 진출도 적극 권장할 수 있을 것이다. 거기다 연합사 부사령관이 지상군구성군사령관을 맡고 있다는 점에서 같은 지상군에 속한 해병대 출신의 부사령관도 군의 균형적인 발전이라는 점에서 고려할만하다. 그렇게 될 때 연합사가 지향하고 있는 화합과 조화 그리고 조직적이면서도 효율적인 연합작전능력을 더욱더 배양할 수 있을 것으로 기대된다.

7. 대한민국의 또 다른 군대, 주한미군

자유민주주의 대한민국을 수호하라!

'위대한 임무 수행 75년

경기도 평택시로 이전한 주한미군사령부 청사

주한미군 기동훈련 모습(1960년)

대한민국에는 육·해·공군 및 해병대 외에 또 다른 군대가 있다. 주한미군이다. 주한미군은 대한민국 영토 내에 주둔하고 있는 모든 미군을 총칭(總稱)한다.

주한미군의 역사는 1945년 9월부터 시작됐다. 일본이 항복한 이후 오키나와에 있던 미24군단이 일본군 무장해제와 함께 점령 임무를 위해 남한지역에 들어오면서 주한미군의 역사가 시작됐다. 최초의 주한미군이었다. 그로부터 75년의 세월이 흘렀다.

1945년 9월 8일 미24군단 첫 주둔 시작

미24군단의 본대가 1945년 9월 8일 남한지역의 점령 임무 수행을 위해 인천항을 통해 들어왔다. 미 군정시대 및 주한미군시대의 개막이었다. 주한미군점령군사령관 겸 미24군단장은 하지(John R. Hodge) 육군 중장이었다. 그는 태평양전쟁에서 후퇴할 줄 모르는 공격적인 지휘관으로 명성을 얻음으로써 '태평양의 패튼'이라는 칭호를 얻었다.

'남한의 총독'과 다름없던 하지 장군에게 주어진 임무는 조선 총독으로부터 항복을 받고, 남한지역 주둔하고 있는 18만 명에 달하는 일본군 무장해제 및 일본본토 송환, 남한지역에 대한 치안 및 질서유지, 그리고 장차 한반도에 들어설 통일 정부 수립을 지원하는 것이었다.

하지만 주한미군사령관 겸 미24군단장이던 하지 장군에게 군정(軍政)은 처음부터 벅찬 임무였다. 하지 장군은 경력으로나 성격상 군정 임무하고는 거리가 멀었다. 그는 철저한 전투형 장군으로서 점령 임무와는 어울리지 않았다. 미국 일리노이대학에서 건축학을 공부하고 장교후보생 과정을 거쳐 장교로 임관한 후 전투에서의 공적을 통해 장군에 오른 하지는 정치에는 전혀 어울리지 않는 순수한 야전형 지휘관이었다.

최초 미군에서는 남한지역 점령군사령관에 중일전쟁(中日戰爭) 당시 중국 장제스(蔣介石) 밑에서 참모장을 맡았던 스틸웰(Joseph W. Stillwell) 육군 대장을 임명하려고 했다. 하지만 장제스 총통이 미10군사령관이던 스틸웰 장군의 남한지역 미군 사령관 임명에 제동을 걸고 나섰다. 장제스는 중일전쟁 시 자신의 참모장으로서 자신의 지휘방식에 사사건건 반대했던 스틸웰 장군을 달갑게 여기지 않았다. 그래서 일본 패망 후 스틸웰 장군이 중국과 가까운 남한지역 미군 사령관에 임명되는 것에 반대했다. 그 결과 스틸웰 대장이 지휘하는 미10군 대신에 하지 중장이 지휘하는 미24군단이 남한지역 점령 임무를 맡게 됐다.

하지 장군의 미24군단은 예하의 미7사단, 미40사단, 미6사단 등 3개 사단으로 최초 남한지역 점령 임무를 수행했다. 이를 위해 하지 장군은 먼저 조선총독부 청사로 쓰였던 중앙청에서 조선 총독 아베 노부유키(阿部信行)

로부터 정식 항복을 받고 남한 통치에 들어갔다. 그때가 1945년 9월 9일이었다. 이때 중앙청에는 일본 일장기(日章旗) 대신 미국 성조기(星條旗)가 게양되면서 주한미군시대가 열렸다.

이후 미24군단은 남한지역 내 일본군 17만9273명과 일본 민간인 704,613명을 일본으로 송환했다. 이어 한반도의 일본군포로수용소에 수용되어 있던 연합군 포로 680명을 석방했다. 연합군 포로로는 미군 포로 140명, 영국군 포로 469명, 호주군 포로 71명이었다.

1949년 6월…군사고문단만 남기고 철수

대한민국 정부가 수립되자 최초의 주한미군인 미24군단과 첫 주한미군사령관 하지 중장은 그 임무가 끝났다. 이에 미24군단은 1949년 6월 29일까지 완전히 철수하고, 국군의 훈련지원을 위해 군사고문단 약 500명만 남겨놓았다.

초대 주한미군사령관 하지 장군도 대한민국 정부 수립 후인 1948년 8월 27일 남한지역 통치권을 이승만 대통령에게 넘겨주고 서울을 떠났다. 후임 주한미군사령관은 쿨터(John B. Coulter) 소장이 맡았다. 하지만 미24군단이 완전히 철수한 1949년 7월 1일부터는 주한미군사고문단(KMAG) 단장인 로버츠(William L. Roberts) 준장이 주한미군사령관직을 겸했다.

6·25전쟁 발발로 참전…처치 준장이 사령관

6·25전쟁이 일어나자 미 극동군사령관이던 맥아더 원수는 펜타곤의 지침에 따라 한반도의 전선 상황을 파악하기 처치(John Church) 준장을 수원으로 보내면서 미극동군사령부 전방지휘소장 겸 연락단장으로 보냈다. 이후 한국에 온 처치 장군은 주한미군사령관 역할을 수행했다. 그는 한국

의 미군 중 가장 선임이었다. 전쟁 후 최초의 주한미군사령관이었다.

이후 미24사단장 딘(William Dean) 소장이 한국전선에 최초로 투입되면서 주한미군사령관을 겸하게 됐다. 이후 주한미군사령관은 미8군사령관 워커(Walton H. Walker) 중장으로 바뀌었다.

6·25전쟁 동안 대한민국에 주둔하고 있던 미군 중 서열이 가장 높은 직책이 미8군사령관이었다. 그런 까닭으로 미8군사령부가 한반도에 사령부를 설치한 이후 주한미군사령관은 미8군사령관이 맡게 됐다.

전시 주한미군사령관의 임무는 미국의 전쟁정책에 따라 최초에는 38도선 회복, 인천상륙작전 이후에는 한반도의 통일, 중공군 개입 이후에는 다시 38도선을 중심으로 한 자유민주주의 체제의 대한민국 수호였다. 그 과정에서 주한미군사령관은 한국군 증강에도 노력을 아끼지 않았다.

정전협정이 체결된 후 주한미군의 성격도 변했다. 그 이전까지 주한미군은 미국의 정책과 전략에 따라 일방적으로 이뤄졌다. 미국은 그들의 정책과 전략에 따라 필요하면 한반도에 군대를 주둔하고, 임무가 끝나면 철수시켰다. 광복 후의 주한미군이 그랬고, 6·25전쟁 전후 주한미군이 그랬다. 대한민국의 입장과는 무관하게 미국의 필요에 따라 주둔하거나 철수했던 것이다.

6·25전쟁에 참전한 미군 주요 부대 마크

클라크 유엔군사령관이 정전협정에 서명하고 있는 모습(1953년 7월 27일)

정전협정 후 한미상호방위조약 의거 주둔

하지만 6·25전쟁 이후 주한미군은 한미상호방위조약에 의거 주둔했다. 한미상호방위조약 4조에는 "미합중국의 육해공군을 대한민국의 영토 내와 그 부근에 배치하는 권리를 대한민국은 허용하고, 미합중국은 수락한다"고 되어 있다.

이에 따라 정전협정 체결 후 주한미군은 한미상호방위조약에 의거 공식적으로 주둔하게 됐고, 주한미군사령관도 1957년 7월 1일 유엔군사령부가 일본 도쿄에서 서울 용산으로 오면서 유엔군사령관이 겸하게 됐다.

이후 주한미군사령관은 1978년 한미연합군사령부가 창설되면서 한미연합군사령관이 맡았다. 물론 한미연합사령관은 유엔군사령관을 겸하고 있다. 그들의 주 임무는 제2의 6·25전쟁 방지를 위한 대한민국의 방위였다.

주한미군은 75년의 세월 동안 자유민주주의 체제의 대한민국 수호를 위해 여러 가지 임무를 수행했다. 8·15광복 후에는 군정을 통해 자유민주주의 체제의 대한민국 수립에 기여했고, 6·25전쟁 시에는 유엔군과 함께 자유 대한민국의 수호를 위해 피를 흘리며 싸웠고, 전쟁이 끝난 다음에는 한미상호방위조약에 의거 대한민국 방위는 물론이고, '제2의 6·25전쟁 방지'를 위해 2020년 현재까지 노력을 아끼지 않고 있다.

그런 점에서 주한미군은 강력하고도 막강한 전투력을 발휘하며, 대한민국의 또 다른 군대로서 변함없는 임무를 수행하고 있다.

8. 한미동맹 최고의 가치 '백선엽 한미동맹상'

6·25전쟁 영웅 워커 장군 등 수상…한미 발전 촉진제 기대

1953년 10월 1일 한미동맹 출범

한미동맹은 1953년 10월 1일 한미상호방위조약 체결로 시작됐다. 6·25전쟁에 미국은 그들의 젊은이들을 약 180만 명이나 파병하며 '잘 알지도 못한 나라, 가본 적도 없는 나라'인 대한민국의 자유 수호를 위해 피를 흘렸다.

1950년 7월 5일 6·25전쟁 발발 10일 만에 치르게 된 스미스특수임무부대(Task Force Smith)의 오산 죽미령부터 시작된 미군의 전투는 전쟁이

미8군사령부(경기도 평택)에서 열린 신청사 개관식(2017년 7월 11일)에서 백선엽 장군과 토머스 밴덜 미8군사령관 등 내빈들의 테이프 커팅식.

끝날 때까지 계속됐다. 천안전투, 대전전투, 낙동강전투, 인천상륙작전, 38도선돌파, 북진작전, 장진호전투, 흥남철수작전, 1·4후퇴 후 재반격작전, 고지 쟁탈전에 이르기까지 미군은 유엔군의 중심에 서서 국군과 함께 싸우고 또 싸웠다. 그리고 마침내 대한민국을 지켜냈다.

미국은 정전협정 체결을 앞두고 대한민국과 한미상호방위조약을 체결하고 동맹 관계에 들어갔다. 한미동맹은 양국의 전략적 가치와 이해에 바탕을 두고 형성됐다. 이후 미국은 대한민국 방위에 적극 나섰다.

정전협정 체결 후에도 미국은 우리 영토에 유엔군사령부를 비롯하여 미8군사령부와 주한미군을 주둔시켰다. 그 결과 북한의 남침 재발은 물론이고, 동북아시아와 태평양지역에서의 안정과 평화체제를 유지하게 됐다. 이는 한미동맹 결성의 크나큰 성과였다.

백선엽, 한미동맹에 크게 기여

그런 한미동맹에 크게 기여한 사람이 있다. 바로 6·25전쟁 영웅 백선엽(白善燁) 장군이다. 6·25전쟁에 참전한 군 원로들은 백선엽 장군을 호칭할 때, 백선엽 장군이라 호칭하지 않고, 반드시 '백선엽 대장(大將)'이라고 부른다. 참전용사들은 열이면 열, 모두가 다 그렇게 부른다. 그것은 6·25전쟁의 가장 어려운 시기에 가장 힘든 직책을 맡아 주어진 임무를 성공적으로 완수해 우리나라 최연소 육군참모총장에 이어, 최초의 대장이 된 백 장군에 대한 존경심 때문이다.

백선엽 장군은 14년의 군대 생활 중에 7년을 넘게 육군 대장을 지냈다. 우리나라 국방 역사상 '최장수 대장'이다. 그 당시 33세였다. 파격적인 인사였다. 여기에는 그럴만한 이유가 있다. 낙동강 전선의 최대 혈전이라고 할 다부동전투의 승리, 평양 선두 탈환, 1·4후퇴 후 서울 재탈환, 지리산 일대 빨치산 소탕, 오늘날의 휴전선을 있게 한 금성 및 동해안전투에서의 승리는 누구도 부인할 수 없는 그의 공로다.

특히 낙동강 전선에서 그는 부하들에게 "내가 후퇴하면 나를 쏴라!"고 했다. 함께 싸우던 미군들도 그때부터 백 장군을 존경하며 신뢰하게 됐다.

6·25전쟁 때는 미군의 맥아더 등 전설적 장군들과 함께 전투

미군들은 그런 백선엽 장군을 '살아있는 전설'로 부르면서, 존경을 넘어 추앙(推仰)하고 있다. 한미연합군사령관들도 서울에 부임하면 제일 먼저 백 장군에게 달려가 가르침을 받는다. 미군들에게 대선배이자 신화적 존재인 맥아더(Douglas MacArthur) 원수를 비롯하여 워커(Walton H. Walker), 리지웨이(Matthew B. Ridgway), 밴플리트(James A. Van Fleet), 테일러(Maxwell D. Taylor) 장군과 함께 전선을 누볐던 백 장군에게 무한한 존경심을 표한다.

미군들은 백선엽 장군이 전투를 잘해서 뿐만 아니라 전역 이후에도 한미동맹을 위해 꾸준히 노력했기 때문이다. 그런 백 장군에 대해 주한미군은 2013년에 '명예 미8군사령관'으로 추대했다. 미군 역사상 전무후무한 일이다.

백선엽 장군은 6·25전쟁 때는 위기에 처한 나라를 구했고, 휴전 후에는 자신이 지켰던 나라의 한미동맹을 위해 평생을 헌신했다. 군복을 입든 안

'백선엽한미동맹상' 수상자들. 왼쪽부터 밴플리트·클라크·싱글러브 장군.

입든 군과 국가를 위해 봉사했다. 군의 대원로(大元老)다운 행보였다. 그런 점에서 백 장군은 '나이 먹은 영원한 군인'으로 살아온 셈이다. 그는 평생을 군인으로 살기를 원했고, 또 그렇게 살았다. 그에게 군은 바로 백 장군, 그 자신이었다.

백선엽 장군은 뛰어난 전공과 군 경력에도 불구하고 항상 겸손했다. 그리고 남을 먼저 생각하는 이타적(利他的)인 삶을 살았다. 정일권(丁一權) 장군의 분신이었던 강문봉(姜文奉, 육군 중장 예편, 2군사령관 역임) 장군은 자신의 연세대학교 박사학위 논문에서 진급과 보직에서 경쟁 관계에 있던 백 장군에 대해 "자신에게는 누구보다 엄격하고, 남에게는 한없이 관대했던 장군"으로 높이 평가했다.

백선엽 장군은 8·15광복 이후 공산주의가 싫어 고향을 버리고 남으로 내려와 군인이 됐다. 그러다 보니 남한에서 정치적 배경도 없었고, 학력도 평양사범학교와 만주군관학교가 전부였다. 그런 그가 대한민국 최고의 군인으로 될 수 있었던 것은, 뼈를 깎는 학구적 노력, 자신에 엄격하면서도 남에 대한 끝없는 배려와 관대함, 그리고 주어진 임무를 완수하려는 고도의 책임의식 때문이었다. 그는 학력(學歷)보다는 '배움이 큰' 학력(學力)을 더 중시했다.

6·25 때 리지웨이 장군과 밴플리트 장군은 백 장군을 "시험하고, 또 시험하고, 그리고 또다시 시험해서 통과한 유일한 장군"이라며 대한민국 최고의 야전 지휘관으로 평가했다. 미군 장성들이 백 장군을 존경하며 신뢰했던 것은 또 있다. 그것은 그의 따뜻한 인품과 조국에 대한 무한한 애국심, 그리고 뛰어난 군인정신에 감동했기 때문이다.

2013년 국방부–중앙일보 공동 제정…한미안보에 기여한 미국인 중 선정

백선엽 장군은 2020년 7월 10일 타계할 때까지도 노구(老軀)를 이끌고 매일 전쟁기념관 사무실로 출근하여 안보 관련 서적을 읽으며 대한민국의 밝은 미래를 조언하는 것을 게을리 하지 않았다. 그런 점에서 백 장군은 평생을 군과 국가를 사랑했던 '참 군인이자 애국자'였다.

그런 백 장군을 위해 2013년 대한민국 국방부와 중앙일보사가 공동으로 '백선엽한미동맹상'을 제정하여 미국인 중에서 한미동맹에 기여한 사람을 선정하여 상을 주고 있다. 2020년 올해로 벌써 8번째다. 역대 수상자들은 그야말로 대한민국 자유 수호와 한미동맹에 기여한 미국인들이다.

6·25전쟁 때 미8군사령관으로 참전하여 전사한 워커 장군을 비롯하여 1970년대 말 카터 행정부의 주한미군 철수에 맞서 전역한 싱글러브 장군, 한미동맹뿐만 아니라 국군 발전에 크게 기여한 밴플리트 장군, 초대 한미연합사령관을 지낸 베시 장군, 유엔군을 대표하여 정전 협정에 서명한 클라크(Mark Clark) 장군 등이 수상했다.

한미동맹 돈독히…제2의 백선엽 배출 기대

미국 정부와 국민들은 그런 백선엽 장군과 대한민국에게 고마움을 느낀다. 백선엽한미동맹상은 미래의 한미동맹 발전에 두고두고 기여할 것이다. 백선엽 장군이 6·25전쟁 때 선공후사(先公後私)와 충성심을 바탕으로 나라를 구했듯이, 이 상은 한미동맹 관계를 더욱 돈독하게 함으로써 한미안보를 공고하게 할 것이다. 그리고 '제2의 백선엽 장군'을 계속 배출할 것이다.

그런 점에서 이 상은 한미동맹의 '최고의 가치 또는 상징'으로서 뿐만 아니라 한미동맹을 극대화하는 촉진제 역할을 하게 될 것이다.

6

자주국방과 예비전력의 확보

1. 국군의 방어계획과 주한미군 작전계획

6·25 기점으로 작계 '방어적→공세적'으로 전환

대한민국 국군에게는 예나 지금이나 전쟁 대비계획이 엄연히 존재한다. 전쟁을 염두에 두고 작성된 작전계획이다. 작전계획은 통상 전시 전쟁 수행을 위한 편성으로부터 일련의 전투 수행 절차 등을 규정해 놓은 것이다.

국군의 작전계획은 그 성격상 6·25전쟁을 전후로 확연히 대비된다. 6·25전쟁 이전에는 38도선에서 적을 격퇴하는 것을 골자로 한 순수한 방어계획이었지만, 전쟁 이후에는 적의 침략을 휴전선 일대의 일정 선상에서 저지한 후 반격하는 내용을 담은 공세적 작전계획이라는 점에서 다르다 하겠다.

첫 국군방어계획1950년 3월 완성…'육군본부 작전명령 제38호'로 명명

정부 수립 이후 출범한 국군은 북한의 남침에 대응할 전쟁 대비계획을 뒤늦게 수립했다. 국군 최초의 방어계획이었다. 그때가 6·25전쟁 발발 3개월 전인 1950년 3월이었다. 국군방어계획은 순전히 국군 단독에 의해 작성된 방어적 성격의 작전계획이었다.

국군방어계획은 1949년 12월 27일 육군본부 정보국에서 작성한 '1949년 종합정보 보고'에 의거하여 1950년 1월 말 그 시안(試案)이 어렵사리 마련됐다. 국군방어계획을 수립할 당시 남북한 군사 상황은 그만큼 긴박했다. 육군본부는 주한미군이 철수한 후인 1949년 8월부터 북한이 본격적으로 남침 준비를 하고 있다는 정보를 입수하고, 각 사단에 지시하여 자체 방어계획을 수립하도록 했다. 그리고 1949년 11월에는 각 사단장과 작전참모, 그리고 미 수석고문관이 참석한 합동평가회의를 갖고 방어계획의 시안을 수립했다. 전쟁에 대비한 국군의 첫 군사적 조치였다.

당시에는 육·해·공군의 작전을 통합·조정할 지금과 같은 합동참모본부가 없었고, 국방부에도 3군의 작전을 수립할 기능이나 부서가 전혀 없었다. 그러다 보니 3군 작전의 주체는 자연히 규모가 가장 큰 육군본부가 떠맡을 수밖에 없었다. 이는 6·25전쟁 발발 직후 정일권 육군참모총장을 육해공군 총사령관으로 임명한 데서도 알 수 있다.

최초 국군방어계획은 그렇게 해서 육군본부가 주관이 되어 1950년 3월 25일 완성됐다. 방어계획은 제3대 육군참모총장인 신태영 장군의 지시로 육군본부 작전국장 강문봉 대령이 주축이 되어 작성됐다. 당시 정식명칭은 '육군본부 작전명령 제38호'였다. 육군본부 작전명령 제38호로 작성됐다고 해서 붙여진 명칭이다. 여기에는 육군뿐만 아니라 해·공군 사항도 포함되어 있었다. 그렇기 때문에 '국군방어계획'으로도 불린다.

국군방어계획은 육군본부 정보국의 연말 정보 보고서에서 분석한 "1950년 춘계(春季)에 적이 38도선에서 전면적인 공격을 할 것이다"라는 정보판단에 기초하고 있다. 방어계획의 핵심은 38도선을 확보하는 것이었다. 적의 침략을 받으면 38도선에서 격퇴한 후, 다시 38도선을 확보하는 개념이었다.

또한 방어계획은 38도선 일대의 전방방어와 후방지역에 대한 후방경계로 나뉘었다. 전방방어는 38도선에 배치된 부대는 물론이고, 후방에 있는 부대들까지 전방으로 동원되어 적을 격퇴하도록 되어 있었다. 그때 후방지역 경계는 해·공군의 협조를 받은 경찰과 청년방위대가 맡도록 했다.

방어개념…적 침략시 격퇴 후 38도서 확보

국군방어계획에는 38도선에서 적의 공격에 실패할 경우에 대비한 우발계획도 들어있었다. 그것은 바로 남한지역의 커다란 강을 차례로 이용하여 적의 남진을 저지하는 지연 작전이었다. 최초 38도선이 무너지면 한강 이남으로 철수하여 작전을 수행하다가, 그다음에는 금강, 그리고 그다음에는 낙동강에서 적을 저지한다는 개념이었다.

실제로 북한군의 남침을 받은 국군은 38도선이 무너지자, 한강선·금강선·낙동강 선으로 차례로 철수하며 지연전을 전개했다. 그런 점에서 볼 때 국군방어계획은 비록 완벽한 작전계획은 아니었으나, 북한군에 비해 절대 열세의 전력을 갖춘 국군이 커다란 혼란 없이 단계별 철수를 하며 전쟁을 효과적으로 수행할 수 있게 했다.

1970년대 초, 박정희 대통령 '한국형공격계획' 수립

6·25전쟁 이후 한반도에서의 작전계획은 국군의 작전통제권을 갖고 있는 주한미군이 주도하여 작성했다. '작전계획 5027'이다. 이는 '작계 5027'로 더 잘 알려져 있다. 이 계획은 1970년대부터 매 2년마다 새로운 군사 상황을 적용하여 발전시켜 나가고 있다. 작계 5027은 적이 공격하면 일정 선까지 물러나다가 공격하는 것이었으나, 최근에는 적이 공격하면 곧바로 반격하는 형태로 발전했다.

한미연합상륙훈련에 참가한 한미 해병들(한국 동해안, 1989년 3월)

그러한 작전개념은 국군에게서 먼저 시작됐다. 1969년 닉슨독트린에 의해 주한미군 철수가 이뤄지자 1970년대 초 박정희 대통령은 한국군에 의한 독자적인 공격계획 수립을 비밀리에 지시했고,

이에 따라 육군본부에서는 "적이 공격하면 곧바로 공격하는 '한국형공격계획'을 마련했다. 이 계획이 수립되자 박 대통령은 장성급 소집 회의인 '무궁화회의'에서 토의를 통해 계속 발전시켜 나가도록 했다.

박정희 대통령 '서울 사수' 선언…미군 '서울 사수작전' 완성

그러한 공세적 작전개념이 적극 반영된 것이 박 대통령에 의해 선언된 '서울 사수(死守)'다. 월남(남베트남)과 캄보디아가 공산군에 의해 잇따라 패망하자, 박 대통령은 특별담화를 통해 "우리 모두 철통같이 단결하여 총력안보 태세로 이 난국을 의연하게 극복하자"고 당부하며 서울 사수를 선언했다. 절대 서울을 빼앗기지 않겠다는 의지가 담겨 있었다.

이후 대통령의 서울 사수 선언은 한미1군단장인 홀링스워스(James Hollingsworth) 장군의 수도권 방위를 위한 '9일작전'으로 완성됐다. 9일작전은 당시 대한민국 인구의 1/4이 집중돼있는 수도 서울이 적의 미사일 사정권 내에 들어있다는 데에서 출발했다. 국군통수권자의 강력한 의지가 반영된 수도권 방위를 위한 9일작전 개념은 휴전선에서 단 한 치의 후퇴도 없이 B-52전략폭격기를 포함한 한미연합의 공중자산을 총동원하여 4-5일 간 적의 공세를 제압한 후, 그 틈을 이용하여 3-4일에 걸쳐 한미연합군이 적을 소탕한다는 것이었다. 이는 월남 패망 이후 '제2의 6·25전쟁'을 노리고 있는 북한의 오판을 막기 위한 공세적 작전개념이었다.

주한미군 '작전계획 5027'···공세적 작전개념

오늘날 한미연합군이 전시에 수행하게 될 작전계획 5027에는 이러한 작전개념이 적극 반영되어 있다. 거기다 작계 5027에는 한반도에서의 완벽한 전쟁 수행을 위해 필요한 미 본토의 증원전력까지 포함되어 있다. 그런 점에서 6·25전쟁 이전 국군방어계획이 방어용 무기에 의존한 상태에서 단순히 38도선 회복에 목표를 둔 방어적 성격의 작전계획이었다면,

오늘날 한미연합군이 수행할 작계 5027은 보다 공세적 성격을 지닌 작전계획이라고 할 수 있다. 작계 5027에는 최첨단 현대식 무기로 무장한 국군과 동맹국 미군의 연합자산이 포함된 전시 한미연합작전계획이라는 점에서 커다란 의미를 찾을 수 있겠다.

2. 자주국방의 산실 국방과학연구소(ADD)

"우리 무기 우리 손으로" 자주국방·방산강국 '두 토끼'

대한민국 정부는 1969년 닉슨독트린(Nixon Doctrine)의 발표에 따른 주한미군 철수와 북한의 각종 도발 및 위협에 맞서 자주국방을 천명하고, 향토예비군 250만 명의 무장과 국군현대화를 위한 방위산업육성에 박차를 가하기 시작했다.

장거리 유도탄 시험 발사 장면을 바라보고 있는 박정희 대통령(1978년 9월 26일)

1970년 8월 6일 국방부 산하에 설립

자주국방을 위한 방위산업 육성을 위해 박정희 대통령은 1970년 8월 6일 국방부 산하에 무기개발을 위한 국방과학연구소(Agency for Defense Development)를 설립했다. 이때부터 우리나라도 본격적인 무기개발에 뛰어들게 됐다. 우리 군이 무장할 무기는 우리가 직접 만들겠다는 것이었다. 방위산업시대의 개막이었다.

박정희 대통령이 자주국방을 부르짖고 국방과학연구소를 긴급히 설립한데에는 그럴만한 이유가 있었다. 당시 한반도를 둘러싼 안보환경이 최악의 상황을 치닫고 있었다. 북한은 1960년대 초부터 4대 군사 노선을 표방하고 전쟁 준비를 마친 상태였는데, 우리나라는 아직 북한의 전력에 맞설 수준이 못 되었다.

그런 상황에서 대통령에 갓 취임한 미국의 닉슨 대통령이 "아시아 문제는 아시아인 스스로가 해결하라"는 닉슨독트린을 발표한 후 일방적으로 주한미군 철수를 단행했다. 그때 우리나라는 베트남에 5만 명에 달하는 군대를 파병하고 있었다. 베트남 파병 당시 한미 양국은 주한미군을 철수할 경우 반드시 사전에 협의하기로 약속했음에도 미국은 일방적으로 주한미군 철수를 통보했다. 그리고 미7사단 철수에 이어, 마지막 남은 미2사단마저 5년 내에 철수하겠다고 했다.

대한민국 입장에서는 전력상 커다란 공백이 생겼다. 주한미군 철수에 대비해 아무런 준비도 갖추어져 있지 않은 상황에서 맞은 최대의 안보위기였다. 그때까지만 해도 우리나라는 소총 하나도 제대로 만들지 못하는 무기 생산의 후진국이었다.

국군이 사용하고 있는 개인화기부터 대포, 전차, 전투기 등 모든 무기와 장비들을 미국으로부터 도입해서 사용하던 때였다. 한마디로 몸만 국산이고, 그들이 운용하고 있는 무기와 장비는 모두 미국 제품이었다.

초대 소장에 육군중장 출신 신응균

그런 상황에서 주한미군 철수가 현실화되고 보니 박정희 대통령은 난감했다. 늦었지만 우리도 무기개발에 나서야겠다고 판단했다. 자주국방이었다. 그래서 국산 무기를 개발할 국방과학연구소 설립을 긴급 지시했다. 연구소장은 장관급으로 하고, 부소장은 차관급으로 했다. 그만큼 국산무기 개발이 중요했고 시급했다.

초대 소장에는 육군중장 출신의 군 원로인 신응균(申應均) 장군이, 그리고 부소장에는 공군작전사령관을 역임한 소장 출신의 윤응렬(尹應烈) 장군이 임명됐다. 무기개발에 일가견이 있는 소신파 장군들이었다. 그리고 청와대 내에 무기개발을 지휘 감독할 경제2수석비서관실을 설치하고 오원철(吳源哲)을 비서관에 임명했다. 대통령이 직접 이를 관장하겠다는 의지였다.

사관학교 박사급 교수 연구원 초빙

국방과학연구소에는 육·해·공군사관학교에서 박사급의 유능한 교수들을 연구원으로 초빙해왔다. 당시 국내 최고의 이공계 출신의 엘리트들이었다. 연구진이 갖춰지자 박 대통령은 오원철 비서관에게 우리 군이 사용하고 있는 기본화기인 소총·기관총·지뢰·박격포부터 개발하라고 지시했다. "총구가 갈라져도 좋으니 1개월 내에 시제품을 만들라"고 했다. 워낙 빠르게 진행된 사업이라 '번개사업'이라고 했다. 이를 담당하는 부서도 일명 '번개사업본부'로 통했다.

박정희 대통령은 여기서 그치지 않았다. 번개사업이 어느 정도 진척이 되자 이번에는 미사일개발을 지시했다. 당시 북한이 무장하고 있던 프로그(Frog)-5 미사일은 사정거리 50-60km로, 휴전선에서 40km 떨어진 서울을 충분히 타격할 수 있었다.

이에 박 대통령은 평양을 타격할 수 있는 사거리 200km의 미사일 개발을 지시했다. 그렇게 되면 북한도 함부로 전쟁을 할 수 없을 것이라고 판단했다. 미사일개발은 북한에 대한 전쟁 억제 수단이었다.

밤낮도 없이 무기 개발 몰두

미사일 개발사업의 명칭은 보안상 '백곰사업'으로 불렀다. 국산 미사일 개발사업은 국방과학연구소의 '항공사업본부'에서 맡아 추진했다. 대통령의 무기개발 명령을 받은 국방과학연구소는 그때부터 비상체제에 돌입했다. 밤낮도, 휴일도 없이 무기개발에 몰두했다. 불면불휴(不眠不休)였다. 가족들에게조차 행선지를 알리지 못하고 합숙에 들어갔다. 그러다보니 연구원들에게 휴식과 퇴근은 사치였다.

무기개발은 고난의 여정이었다. 무기에 대한 설계도가 전혀 없으니, 개발할 무기를 하나씩 분해해서 조립해 가며 부품에 대한 제원을 산출하고, 이에 따라 설계도를 만들었다. 그리고 그 설계도로 따라 무기를 제작했다.

그렇게 만들어진 시제품은 조잡하기 그지없었다. 연구진들은 수많은 시행착오 끝에 무기를 개발해 나갔다. 그 과정이 얼마나 험난하고 힘들었는지는 말로 표현할 수 없었다. 무(無)에서 유(有)를 창조하는 것이었다.

7년 만에 헬기·전차까지 만들어 내

국군의 기본무기와 장비 개발을 담당했던 번개사업본부는 소총·기관총·

국방과학연구소에서 개발한 신형 155㎜ 자주포 포탄을 참관하고 있는 국방 수뇌부(1996년 6월 12일)

수류탄·박격포·지뢰 등을 신속히 개발했다. 그리고 1977년에는 포병의 105밀리와 155밀리 곡사포를 생산하고, 500MD헬기를 조립하는 수준까지 도달했다. 그때 한국형 전차인 K-1전차도 만들었다. 놀라운 발전이 아닐 수 없었다.

국방과학연구소 창설 이후 7년 만에 소총 하나 만들지 못하던 대한민국이 대포 생산에 이어 헬기와 전차를 만드는 수준에 이르렀다.

1978년 세계 7번째 미사일 개발 쾌거

그렇지만 미사일 개발은 험난했다. 미군의 지대지미사일인 나이키허큘리스(Nike-Hercules)를 모델로 삼아 분해와 조립을 수없이 반복하며 개발을 몰두했다. 모든 것이 험난한 과정이었다. 그때마다 좌절하지 않고 해결해 나갔다. 그러다 보니 차츰 성과가 나타났다.

1976년에는 미사일개발에 필요한 지상연소시험장과 유도탄 연구 및 생산시설을 대전에 설립했다. 그때 박 대통령도 참석해 노고를 치하했다. 그 무렵 항공사업본부도 대전기계창으로 명칭을 바꾸고 미사일 개발에 더욱 매진했다.

드디어 1977년 백곰미사일의 축소형이 제작되어 시험에 성공했다. 그리고 1978년 9월 26일 박 대통령과 노재현 국방부 장관을 비롯해 합참의장과 육해공군 참모총장 등 내외 귀빈들이 참석한 가운데 백곰미사일 발사가 안흥시험장에서 있었다. 발사시험은 대성공이었다.

대한민국이 세계에서 7번째 미사일 개발국이 된 역사적 순간이었다.

국방과학 선도 세계 일류 연구소로

국방과학연구소는 짧은 역사에도 국군이 사용하는 무기와 장비를 국산화하고, 사거리 200km에 달하는 지대지미사일까지 개발했다. 그 결과 우리나라 방위산업을 선진국대열에 올려놓았다.

여기에는 박 대통령의 집념과 리더십 그리고 국방과학연구소의 '무에서 유를 창조'하는 창의적인 연구 덕분이었다. 그런 점에서 국방과학연구소는 자주국방과 방위산업의 산실 역할을 톡톡히 해냈다.

앞으로도 국방과학연구소가 최첨단 무기와 장비 개발에 더욱 힘써 세계 으뜸의 연구소로 거듭 발전하기를 60만 국군과 함께 기대해 본다.

3. 자주국방의 서곡(序曲) '태극72계획과 무궁화회의'

1973년 최초 독자적 전쟁 대비 계획 수립

1960년대 말 안보환경 악화…1971년 대통령 신년사 자주국방 역설

육본전쟁기획실서 한국형 방어·반격계획인 '태극72계획'수립

육군 장성급 지휘관 모여 1973년 전쟁계획 보완 첫 토의 개최

1984년부터 합참 주관…군 정책·전략 논의 3군 장성 '토론의 장'

    '태극(太極)72계획'은 6·25전쟁 이후 대한민국 국군이 수립한 최초의 독자적인 전쟁대비계획이고, 무궁화회의(無窮花會議)는 군 장성들이 모여 이 계획을 토의하기 위해 붙인 회의 명칭이다.

무궁화회의 모습(2015년 6월)

태극72계획과 무궁화회의는 박정희 대통령이 지시한 자주국방의 일환으로 수립되고 운영됐다. 그런 점에서 태극72계획과 무궁화회의는 우리 국군의 자주국방을 향한 '서곡(序曲)'이라고 할 수 있다.

자주국방 향한 박정희 대통령의 집념

박정희(朴正熙) 대통령의 자주국방을 향한 집념은 대단했다. 1968년 자주국방을 처음 제창한 후, 박 대통령은 이를 위해 하나씩 추진해 나갔다. 자주국방을 위해 국방조직을 개편 또는 강화하고, 방위산업을 육성하고, 전력증강사업을 추진하고, 그리고 독자적인 전쟁 대비계획을 수립했다.

박정희 대통령의 자주국방을 위한 신념은 1971년 신년사에서 확연히 그 모습을 드러냈다. "올해는 국가안보상 중대한 시련이 예상되는 해라는 점에서 국운을 좌우할 중차대한 시기"로 규정했다.

이를 위해 박 대통령은 "국군을 정예화하고, 향토예비군을 전력화하며, 방위산업을 육성하고, 군 편제를 개편하며, 동원 체제를 정비하고, 장비를 현대화하는 등 자주국방의 필요성이 절실하다"고 역설했다.

박 대통령…독자적인 전쟁 대비 계획 수립 지시

그때는 우리나라 국방환경이 그만큼 위급했다. 1960년대 말부터 북한의 도발과 위협은 더욱 증가 되고 있는데, 미국은 닉슨독트린을 선언하면서 주한미군을 감축하고, 국군이 파병되어 싸우고 있는 베트남전선 상황은 '자유월남'(남베트남)에게 불리하게 전개되고 있었다. 모든 것이 우리의 안보환경에 불리해 지고 있었다.

그런 위급한 상황에서 박정희 대통령은 우리나라가 살 수 있는 길을 모색했다. 방법은 자주국방(自主國防)뿐이었다. "우리 힘으로 우리나라를 지키는 것"이었다. 박 대통령의 '자주국방론'은 "북한이 그들의 동맹국인 중국이나 소련의 지원을 받지 않고 단독으로 남침을 했을 때, 북한의 침략을 우리의 힘으로 격퇴할 수 있는 국방력을 갖추자"는 것이었다.

하지만 북한이 소련과 중국의 지원을 받고 남침할 때는 한미동맹으로 대처한다는 것이었다. 그래서 '제2의 6·25남침'과 같은 민족상잔의 비극을 되풀이하지 말자는 것이었다.

그러기 위해서는 무엇보다도 국군이 독자적으로 전쟁을 수행할 전쟁 대비계획이 필요했다. 그때까지 국군에게는 독자적인 전쟁대비계획이 마련되어 있지 않았다. 박 대통령의 자주국방 선언에 따라 육군본부에서는 황영시(黃永時, 육군참모총장 역임) 소장을 위원장으로 하는 17명으로 구성된 '전쟁기획위원회'를 비밀리에 설치한 후, 전략개념을 설정하고 앞으로 이를 발전시킬 상설기구 설치를 건의했다. 그때가 1971년 9월부터 1972년 1월 상황이다.

육군본부 한국 최초의 전쟁대비계획 수립…'태극72계획'으로 명명

육군본부는 전쟁기획위원회의 건의에 따라 본격적인 '한국형 전쟁대비계획' 수립에 들어갔다. 1972년 2월 육군본부 작전참모부에 16명으로 구성된 전쟁기획실(실장 성종호 준장)을 설치하고, 1년간의 연구 끝에 '태극72계획'으로 명명된 '한국형 방어계획과 반격계획'을 수립했다. 6·25전쟁 이후 국군 단독의 전쟁계획인 셈이다.

태극72계획은 1975년 1월 노재현(盧載鉉) 육군참모총장에게 보고됐다. 노 총장은 보고를 받은 후 "장성급 주요 지휘관 및 참모회의를 소집하여 토의를 실시하고, 중지(衆智)를 모아 전역계획(戰役計劃)을 완성"하라고 지시했다.

1975년 4월, '태극72계획'…대통령에게 첫 보고

육군총장의 지시에 따라 전쟁기획실에서는 장성급 주요 지휘관 및 참모들의 의견을 수렴하여 계획을 보완한 후, 1975년 4월 정부 차원의 전쟁 대비연습인 을지연습(乙支鍊習) 때 박정희 대통령에게 '태극72계획'을 보고했다.

보고를 받은 박정희 대통령은 "모든 장군들에게 태극72계획을 알리고 의견을 수렴한 후 보완하도록 지시하면서 그 토의에는 대통령 자신도 참석하겠다"고 했다.

박정희 대통령의 지시에 따라 우리나라 최초의 독자적 전쟁 대비계획인 '태극72계획'을 보완하기 위한 토의가 1975년부터 이뤄졌다. 최초에는 육군본부 주관하에 육군의 사단장급 이상 지휘관 및 참모를 대상으로 경남 진해의 육군대학 대강당(통일관)에서 열렸다.

회의 명칭은 보안상 비밀을 유지하기 위해 우리나라 국화(國花)인 무궁화를 차용하여 '무궁화회의'로 정했다. 육군의 주요 장성급 지휘관이 부대를 비워놓고 한꺼번에 참석할 수 없었기 때문에 시차를 두고 몇 개 기(期)로 편성해 실시했다. 첫해인 1975년에는 8월 22일부터 10월 12일까지 2박 3일 동안 6개기에 총 91명의 장군들이 참석해 계획을 보완했다.

무궁화회의…태극72계획 보완회의→작전계획 토의→군 주요정책회의로 발전

무궁화회의는 해를 거듭할수록 발전된 모습을 보였다. 1974년부터는 토의주제의 범위도 확대했다. 육군의 주요 작전계획은 물론이고 군사교리도 토의하게 됐다. 대통령의 지시에 따라 육군의 전 장군으로 확대해 갔다. 그 과정에서 국군통수권자인 박정희 대통령도 이 토의에 참석했다. 그때가 1975년 8월 28일이다.

박 대통령은 1975년 4월 '태극72계획'을 보고받을 때 참석하겠다는 약속을 지키고, 또 우리 군이 작성한 전쟁대비계획에 대한 장군들의 생각을 듣고 싶었다. 박 대통령은 승용차 편으로 청와대에서 멀리 떨어진 경남 진해의 육군대학까지 내려왔다. 그 날은 장마철 폭우로 인해 날씨까지 좋지 않았는데, 대통령은 그 빗속을 뚫고 20시경 육군대학에 도착했다.

그리고 다음날인 8월 29일에는 육군대학 통일관에서 열린 전체토의에 참가해 '태극72계획' 중 반격계획에 대한 장군들의 열띤 토의를 듣고, 직접 의견도 피력하는 등 자주국방에 대한 강한 의지를 나타냈다.

이후 무궁화회의는 국군통수권자인 대통령의 지대한 관심 속에 군의 주요 정책회의로 발전했다. 무궁화회의는 최초 육군본부에서 주관했으나, 1984년부터 합동참모본부가 주관했다. 그러면서 육·해·공군의 3군 장성들도 참석하게 됐고, 회의 장소도 서울에서 멀리 떨어진 진해의 육군대학이 아니라 서울의 육군사관학교로 바뀌었다.

그 결과 무궁화회의는 자주국방을 위한 군의 주요 정책이나 전략문제를 논의하는 '3군 장성들의 활발한 토론의 장'으로 발전하게 됐다. 그런 점에서 국군통수권자의 역할은 시대를 막론하고 매우 중요하다는 것을 알 수 있다. 그것은 국가의 운명을 좌우하기 때문이다.

4. 국군 전력증강사업인
'율곡(栗谷)계획'의 설계자들

국군 최초로 수립한 자주적 전력증강계획
1960년대 말 북한 도발 급증
미국선 주한미군 철수 문제 대두
자주적 군사력 건설 시급한 과제로
1973년 합참 전략기획국 신설
이병형 육군중장 중심으로 연구 착수
1974년 2월 25일 박정희 대통령 재가받아
자주국방 국책사업 율곡계획 확정

'율곡계획'(栗谷計劃)은 국군의 전력증강사업계획을 통칭(通稱)하는 용어다. 율곡계획은 우리 군의 자주적 군사력 건설을 위한 전력증강사업계획으로 박정희 대통령이 강조했던 유비무환(有備無患) 정신에 기초를 두고 수립됐다. 그런 점에서 볼 때 율곡계획은 1970년대 불안정한 한반도 안보환경에서 우리나라가 살아남기 위해 우리 군이 강력히 추진했던 '국방상의 자위책(自衛策)'이라고 할 수 있다.

율곡계획은 박정희 대통령이 천명한 자주국방의 한 축이었다. 박 대통령은 자주국방을 위해 국가동원체제(향토예비군·민방위대·학도호국단 창설)를 구축하고, 방위산업을 추진하고, 독자적인 한국형 전쟁대비계획(태극

국방부에서 율곡사업 개선책을 발표하고 있는 모습(1993년)

율곡사업 유공자들에 대한 표창식(1987년 7월)

72계획)을 수립하고, 그리고 국군의 전력증강사업계획인 율곡계획을 추진했다.

율곡계획은 1975년 4월 19일 박정희 대통령의 자주적 군사력 건설 지침에 따라 본격적으로 추진됐다. 대통령의 지시에 의해 국방부는 '율곡계획'으로 알려진 1차 전력증강사업계획(1974-1980년)을 수립하여 1974년 2월 25일 대통령 재가를 받아 국군 최초의 자주적인 전력증강사업을 추진하게 됐다. 우리나라 최초의 자주국방을 행한 전력증강사업이다.

율곡계획 수립위해…1973년 합참 전략기획국 설치

율곡계획 수립에는 소수의 창조적 설계자들이 있었다. 율곡계획은 1960년대 말 북한의 도발이 급증하고 1970년대 초 미국의 군원이관 및 주한미군 철수 문제가 대두되면서 자주적인 군사력 건설문제가 시급한 과제로 제기됐다.

이런 상황에서 1972년 6월 3일 합동참모본부장에 취임한 이병형(李秉衡) 육군중장은 '자주적으로 군사력을 건설해야 한다'는 신념을 갖고 연구에 착수했다. 이를 위해 이병형 장군은 합참에 '전략기획국'을 신설하고, 전문 인력을 보강하여 독자적인 군사전략과 군사력 건설을 위한 계획에 착수했다.

1975년에 설치된 합참 전략기획국은 전략증강사업계획인 율곡계획의 산실 역할을 했다. 당시 합참에는 자주국방에 역량을 보탤 쟁쟁한 인사들이 포진해 있었다. 합참의장은 참군인으로 널리 알려진 한신(韓信, 합참의장 역임) 육군대장이었고, 합참본부장은 6·25전쟁 때 지략과 용장으로 이름을 날린 이병형 중장(육군중장 예편, 2군사령관 역임)이었다.

그리고 자주국방의 설계책임을 맡은 전략기획국장은 이재전(李在田, 육군중장 예편, 전쟁기념사업회 회장 역임) 육군소장이었고, 그 밑에서 핵심 브레인 역할을 하게 된 1과장 임동원(林東源, 육군소장 예편, 통일부장관·국가정보원장 역임) 대령과 뛰어난 영관급 장교들이 있었다. 영관급 장교 과원課員)에는 육군참모총장과 합참의장을 역임한 윤용남(尹龍男) 소령과 육군중장으로 예편 후 국가보훈처장을 지낸 이재달(李在達) 소령이 있었다.

합참→박정희 대통령 첫 보고…"지휘체계와 군사전략"

이병형 합동참모본부장은 전략기획국 전담연구팀에게 국제정세, 남북한 군사정세, 국내 경제문제를 분석 종합한 보고서('지휘체계와 군사전략')를 작성케 했다. 그리고 1975년 4월 19일 을지연습 때 유재흥(劉載興) 국방부장관을 대신해 박정희 대통령에게 이를 보고했다.

보고를 받은 박 대통령은 "가장 의욕적이고 고무적인 보고"라는 극찬과 함께 '자주적 군사력 건설'에 대한 지침을 내렸다. 첫째 자주국방을 위한 군사전략 수립과 군사력 건설력 착수, 둘째 작전지휘권 인수 시에 대비한 장기 군사전략의 수립, 셋째 중화학공업발전에 따라 고성능 전투기와 유도탄 등을 제외한 주요 무기와 장비의 국산화, 넷째 장차 1980년대에는 이 땅에 미군이 한 사람도 없다는 가정하에 독자적인 군사전략 및 전략증강계획을 발전시킬 것을 지시했다.

1974년 박 대통령 재가…율곡계획 확정

박정희 대통령의 지시에 따라 합동참모본부는 1975년 7월 합동기본군사전략과 군사력 증강에 관한 기본지침을 수립하여 7월 12일 각 군에 '군 장비 현대화계획' 작성지침을 하달했다. 그리고 11월 5일에는 '국방7개년계획 투자비사업계획 위원회'를 설치하여 각 군에서 건의한 장비현대화계획을 조정·보완하여 이를 합동참모회의에서 의결했다. 그때가 1974년 1월 16일이다. 이어 2월 6일에는 '국방7개년계획전력증강 투자비 분야'를 보안상 '율곡계획'으로 건의하여 합참의장의 승인을 받았다.

최초 '율곡계획' 명칭은 3개안, 즉 율곡(A안), 아사달(B안). 두꺼비(C안)이었는데, 이병형 합참본부장과 한신 합참의장의 승인을 거친 후 1974년 2월 25일 '국방7개년계획 투자비 분야' 보고 때 박정희 대통령의 재가를 받는 과정에서 최종 '율곡계획'으로 확정됐다.

율곡계획은 임진왜란 때 왜적의 침입을 예견하고 '10만 양병론'을 주장했던 이이(李珥) 선생의 호인 율곡(栗谷)에서 따 온 것으로 유비무한 정신을 본받자는 의미가 담겨 있었다. 이를 토대로 국방부는 1차 전력증강계획(1974-1980)을 수립하여 1974년 2월 25일 박정희 대통령의 재가를 받았다. 그렇게 됨으로써 율곡계획은 우리나라 최초의 '자주적인 전력증강계획'으로 자리를 잡게 됐다.

경제개발 5개년 계획에 맞춰 추진

율곡계획은 1970년대 우리나라가 국방상의 자위권 차원에서 독자적으로 추진한 자주국방을 위한 국책사업이었다. 이 계획의 기본 전략개념은 한미연합억제전략에 바탕을 두고 한미군사협력체제 유지, 주한미군 계속 주둔 보장, 현 휴전상태의 최대 연장, 방위전력의 우선적 발전, 자주적인 억제전력의 점진적 형성에 뒀다.

이를 위해 장기적으로 국방비 가용액을 국민총생산(GNP)의 4.10%(1974-80년 7년간 평균) 수준을 유지하고, 투자비는 15억 2600만 달러로 책정했다. 또한 전력증강 투자재원을 마련하기 위해 운영유지비를 최대한 절약하고, 방위산업을 육성하여 자체 생산기반을 구축해 나가되,

전력증강의 우선순위는 대공 및 대전차 억제능력 강화, 해·공군력 증강, 예비군 무장화 순으로 정했다. 하지만 율곡계획은 진행 도중 당시 정부에서 추진하고 있던 경제개발 5개년 계획(1977-1981)과 일치시키기 위해 1981년에 끝마치도록 1년을 더 연장했다.

박정희 대통령의 자주국방은 우리나라 국방지형(國防地形)을 크게 흔들어 놓았다. 국방에 있어서 한미동맹의 큰 틀을 유지하되, 종전의 절대적인 미국 의존도에서 벗어나 자주적인 군사력 건설을 통해 북한과의 '일대일 전쟁'에서 이기겠다는 것이 박 대통령이 구상한 자주국방의 개념이다.

자주국방의 핵심에는 자주적 군사력 건설을 위한 율곡사업이 자리 잡고 있었다. 그런 점에서 볼 때 자주국방은 구호로만 되는 것이 아니라 국군통수권자의 국제정세를 꿰뚫어 보는 통찰력 있는 혜안(慧眼)과 국가 생존에 대한 무한한 책임감에서 나온다는 것을 알 수 있다.

5. 대한민국 제2의 국군, 향토예비군

미군 공백 메우려 창설…20년뒤 '완벽한 예비전력'으로

1948년 정부 수립 이후 '호국군' 창설…정규군과 또 다른 하나의 군대

전국 청년 모은 대한청년단·청년방위대→6·25전쟁 막판 민병대

군복무 마친 용사들로 조직한 예비전력은 1968년 향토예비군이 최초

1968년 박정희 대통령의 '재향군인 250만 무장화 선언'이 계기

'제2의 국군'으로 "일하면서 싸우고, 싸우면서 일하는" 향토예비군 창설(1968년 4월 1일)

대한민국 국군에는 두 개의 군대가 있다. 제1의 국군에 해당하는 정규군과 제2의 국군에 해당하는 향토예비군이 있다.

2020년 현재 정규군 62만 명의 뒤에는 275만 명에 달하는 막강 향토예비군이 버티고 서있다. 정규군이 현존전력으로서 전·평시를 막론하고 국토방위의 제1선에서 조국 수호의 방패 역할을 하고 있다면, 향토예비군은 든든한 후방군으로서 뿐만 아니라 유사시 즉각 동원되어 투입되는 예비전력으로서의 임무를 수행하고 있다.

북한군 상대할 예비전력 향토예비군

향토예비군은 1968년 4월 1일 정식으로 발족됐다. 1960년대 북한의 4대 군사노선 표방과 북한의 각종 도발과 위협에 따른 우리 정부의 적극적인 대응책이었다.

향토예비군의 창설로 우리 군은 비로소 1959년 1월에 창설된 북한의 예비군 격인 노농적위대(勞農赤衛隊)를 상대할 예비전력을 갖추게 됐다. 뿐만 아니라 적의 국지 도발 시 정규군과 함께 효율적인 후방작전을 수행할 수 있는 강력한 즉응태세도 확립하게 됐다.

향토예비군 조직은 행정구역의 맨 끝인 읍·면은 물론이고 마을에 해당하는 동(洞)과 리(里)에까지 실핏줄처럼 퍼져 있었다. 예비역이 있는 곳에 반드시 향토예비군이 있는 셈이다. 이로써 우리나라는 일사불란하게 움직일 수 있는 동원 체제와 물샐틈없는 방위체제를 갖추게 됐다.

최초의 예비군은 '호국군'

그렇지만 1968년 창설된 향토예비군이 대한민국 최초의 예비군은 아니다. 대한민국 최초의 예비군은 1948년 정부 수립 이후 창설된 호국군(護國

軍)이다. 이름 그대로 '나라를 수호하는 군대'라는 의미를 지니고 있다.

호국군은 정부 수립 이후 주한미군이 철수하게 되자, 초대 국무총리 겸 국방부 장관이던 이범석(李範奭) 장군이 부랴부랴 만들었다. 주한미군이 철수한 한반도에서의 전략 공백을 메우기 위한 긴급 조치였다. 제한된 정규군만으로는 국방의 임무를 수행하기가 어렵다고 판단해서다. 호국군은 1948년 11월 20일 국군조직법에 근거를 두고 대통령 긴급명령에 의해 창설됐다.

호국군을 지휘통제하기 위해 육군본부 직할로 호국군사령부도 설치했다. 그리고 호국군 간부 육성을 위해 호국군사관학교도 만들었다. 그런 점에서 호국군은 병역의무를 마친 예비역으로 구성된 것이 아니라, 병역법상에 호국병역(護國兵役)을 별도로 두고, 이들로 하여금 호국군을 따로 조직하여 운영하게 했다. 그런 점에서 호국군은 정규군과 완전히 다른 또 하나의 군대였다.

향토예비군 창설 13주년 기념식 장면(1981년 4월 4일)

새로운 병역법 제정으로 호국군 해체

호국군은 이범석 국방부 장관이 물러나고, 새로 병역법이 제정·공포되어 시행됨에 따라 1949년 8월 31일 해체됐다. 그리고 호국군 대안으로 들어선 것이 대한청년단과 청년방위대였다. 대한청년단은 전국의 청년들을 대상으로 만든 조직으로 단원이 200만 명에 달했다. 정부에서는 그들 청년 중 20만 명을 골라 청년방위대를 만들었다. 민병(民兵) 성격의 예비전력이었다. 청년방위대는 전국 시도별로 현역 대령급 장교가 파견되어 훈련지도관으로 청년방위대 훈련을 지도했다. 청년방위대는 각 시도는 물론이고 군 및 읍·면 단위까지 조직을 만들어 운용했다. 오늘날의 향토예비군 조직과 비슷했다. 대한청년단과 청년방위대는 6·25전쟁 발발 후 군과 경찰을 도와 후방의 치안 유지와 경계 그리고 보급지원 역할 등을 수행했다. 그리고 징집 연령이 되면 군대에 들어가 싸웠다.

6·25전쟁 말, 민병대 창설

6·25전쟁이 끝나갈 무렵 국방부는 예비조직 편성에 들어갔다. 바로 민병대(民兵隊)였다. 민병대는 현역을 마친 예비역을 대상으로 한 것이 아니라 청년들을 대상으로 한 조직이었다. 이에 따라 기존에 있던 모든 청년단체를 해산했다.

민병대는 1953년 7월 12일 대통령령 제813호로 공포된 민병대령(民兵隊令)에 의해 설치됐다. 국방부에서는 1953년 9월 10일 민병대를 지휘통제하기 위해 민병대사령부를 설치했다. 초대 사령관에는 1953년 6월 국방부 장관에서 물러난 신태영 장군이 임명됐다. 민병대는 전국에 걸쳐 국민학교(현 초등학교) 단위로 조직됐는데, 그 숫자가 3985개에 달했고, 대원도 102만7955명에 이르렀다.

민병대는 행정구역 단위로 조직되지 않고, 초등학교를 중심으로 조직됐다는 점이 특이하다. 민병대도 현역을 마친 예비역이 아니라 징·소집대상자를 대상으로 했다는 것이 특징이다. 민병대원들은 연간 90시간의 정규 군사훈련과 7시간의 국방훈련 및 군사교육을 받아야 했다.

하지만 민병대는 1955년 5월 국방부 일반명령에 의해 해체됐다. 이때는 국군 정원이 한미합의의사록에 의해 72만 명으로 확정되어 시행되는 시기였다. 미군이 군사 원조가 있다고 해도 당시 우리나라 재정상 102만 명에 달하는 민병대와 72만 명의 상비군을 유지한다는 것은 벅찼다.

현역 거친 완전한 예비전력…향토예비군

민병대의 뒤를 이어 뒤늦게 창설된 것이 오늘날의 향토예비군이다. 향토예비군은 이전까지 징·소집대상자가 아닌 군 복무를 마친 예비역을 대상으로 조직된 완전한 예비전력이었다. 재향군인 250만 명을 목표로 했다.

그런 점에서 최초의 예비군인 호국군이나 대한청년단과 청년방위대 그리고 민병대와는 완전히 다른 조직이었다. 명실공히 역전의 용사들로 구성된 '제2의 국군'이었다. 그들은 어제까지만 해도 펄펄 나는 현역 군인들이었다. 단지 지금은 전역 후 고향에 내려와 예비군이 됐을 뿐이다.

그렇기 때문에 전투력은 현역 못지않았다. 향토예비군은 최초 200명의 중대 단위로 조직하는 것을 원칙으로 했다. 유사시 신속한 기동타격대로서 임무를 수행하는데 가장 적합한 규모라고 판단해서다.

향토예비군이 사용할 소총은 미군으로부터 M1소총과 카빈소총 100만 정을 지원받아 해결했다. 이는 김성은 국방부 장관이 미국 정부와 유엔군 사령관 본스틸(Charles H. Bonesteel) 미 육군 대장에게 요청해서 이뤄졌다. 당시 미군은 M16소총을 개인화기로 사용하고 있었다.

1968년 2월, 박정희 대통령 '재향군인 250만 무장화' 선언

향토예비군은 박정희 대통령이 1968년 2월 7일 경남 하동에서 열린 경상도와 전라도를 연결하는 경전선(慶全線)개통식 연설에서 "재향군인 250만의 무장화"를 선언한 후 신속히 추진됐다.

박정희 대통령의 연설에 뒤이어 3월 7일 향토예비군설치법 시행령이 제정·공포되고, 3월 15일부터는 전국 191개 시·구·군에 현역 대대장이 파견되어 향토예비군을 조직했다. 그리고 보름후인 4월 1일 충남 대전에서 대통령이 참석한 가운데 향토예비군 창설식이 거행됐다. 막강한 향토방위전력의 조직화였다. 한 달 반 만에 이루어진 쾌거였다.

출범 당시 172만여 명…현재 275만 명

1968년 출범 당시 향토예비군은 2716개 지역중대, 527개 직장중대에 172만5867명이었다. 그러나 지금은 275만 명으로 늘어났다. 목표로 했던 250만 명을 훌쩍 넘어섰다. 그 과정에서 향토예비군은 제2의 국군으로 거듭 발전했다.

향토예비군은 50여 년의 세월 동안 적의 각종 침투 및 도발을 분쇄하며 향토방위는 물론 유사시 국토방위의 든든한 예비전력으로서 임무를 충실히 수행해 왔다. 뿐만 아니라 국내외 어려운 안보환경 속에서도 반세기에 걸쳐 제2의 국군으로서의 입지도 확실히 굳혔다. 정부와 국민들은 그런 향토예비군의 존재가치를 충분히 인정하면서 그 역할에 대해서도 커다란 기대를 걸고 있다.

7

|

정전체제하 국군과 전쟁 영웅들
그리고 휴전선

1. 정전협정의 어제와 오늘 그리고 대한민국 국군

3년 1개월 동안 이어진 6·25전쟁 포성이 멈췄다

정전협정이 조인된 판문점 모습

판문점의 정전협정 조인식 장면(1953년 7월 27일), 양측의 휴전협상 대표가 서명하고 있다.

악수나 인사 없이 끝난 정전협정 조인식

정전협정은 3년 1개월 동안 전개된 6·25전쟁의 포화(砲火)를 멈추도록 한 전투 중지 협정서다. 정전협정은 65년 전인 1953년 7월 27일에 유엔군 측 수석대표와 공산군 측 수석대표에 의해 판문점에서 조인됨에 따라 그 효력을 발생했다. 그런데 조인식은 자못 심각했다.

그날 오전 10시 정각, 제159차 본회의장인 판문점에 설치된 정전협정 조인식장의 동쪽 출입구로는 유엔군 측 수석대표인 해리슨(William K. Harrison) 미 육군 중장 일행이 입장했고, 때맞춰 공산군 측 수석대표인 남일(南日) 북한군 대장 일행이 서쪽 입구로 들어와 자리를 잡았다. 양측 대표는 인사는 물론이고 악수조차 나누지 않았다.

한반도 모든 전선에서 전투행위 중지…불완전한 평화 시작

정전협정 서명을 위해 양측 수석대표들이 입장하자 곧바로 조인식이 진행됐다. 국어·영어·중국어로 된 전문 5조 63항의 협정문서 9통과 부본 9통에 양측 수석대표는 각각 서명에 들어갔다.

양측 선임 장교는 상대편 대표가 서명한 협정문서를 서로 교환했다. 양측 수석대표는 교환된 문서에 다시 서명했다. 조인식은 그렇게 말없이 진행됐다. 시종 딱딱한 분위기였다. 무표정하고 차가운 얼굴로 서명에만 열중했다. 입장한 지 불과 2분만인 10시 12분 양측 수석대표들은 서명을 마치고 일어났다. 그리고 잠시 시선을 마주쳤다. 하지만 그뿐이었다. 흔한 악수나 인사 한마디 없이 쫓기듯 그대로 퇴장했다.

유엔군 측 수석대표인 해리슨 중장은 그나마 나았다. 그는 2~3분간 기자들과 대화를 나눈 후, 유엔기지가 있는 문산으로 떠났다. 서명을 마치자마자 퇴장한 남일은 소련제 지프차를 타고 조인식장을 빠져나갔다.

양측 수석대표에 이어 유엔군사령관과 공산군 측 사령관에 의한 조인식이 각각 다른 장소에서 행해졌다. 대한민국을 포함하여 유엔군 측을 대표한 유엔군사령관은 그날 13시에 유엔기지 내 문산극장에서 실시했다.

클라크(Mark W. Clark) 유엔군사령관은 브리스코 미극동해군사령관, 웨이랜드 미극동공군사령관, 테일러 미8군사령관, 앤더슨 미5공군사령관, 최덕신 한국군 대표, 그리고 16개국 참전 대표들과 함께 식장에 들어와 정전협정에 확인 서명했다.

북한군 최고사령관인 김일성(金日成)은 안전을 고려해 이날 22시에 평양에서 확인 서명했고, 중공군사령관 펑더화이(彭德懷)는 다음날인 7월 28일 09시 30분에 개성으로 내려와 확인 서명했다.

이로써 3년 1개월 4일, 1129일 동안 전개됐던 6·25전쟁은 멈추게 됐다. 7월 27일 22시를 기해 한반도의 전 전선에서는 모든 전투행위가 중지됐다. 정전(停戰)이었다. 이때부터 한반도에는 정전체제가 형성됐다. 불완전한 평화였다.

정전협정 채결 후 북한 축제 분위기

정전협정 체결이 끝나자 공산군 측과 유엔군 측의 반응은 엇갈렸다. 평양에서는 북한군과 중공군 수뇌부가 모여 술판을 벌이며 밤새 춤을 췄다. 그리고 참전한 중공군 50여만 명에게 북한의 훈장과 표창을 수여하며 은혜에 감사했다.

북한의 '조국해방전사'에서는, "조선에서의 정전 실현은, 우리 인민과 인민군대가 강대한 적에게 결정적 타격을 주고 쟁취한 역사적 승리"라며 정치선전을 했다. 그때부터 북한은 정전협정이 체결된 7월 27일을 전쟁에서 승리한 날이라는 의미에서 '전승절(戰勝節)'로 삼고 기념했다.

최전방 철책선 모습

유엔과 국군…침통한 분위기

반면 대한민국과 미국은 공산군 측의 반응과는 확연히 달랐다. 미국은 역사상 최초로 전투에서 승리하지 못하고 휴전으로 끝난 6·25전쟁을 달갑게 여기지 않았다. 딱히 승리라고 하기에도 어려웠고, 그렇다고 패배한 것도 아닌 '어정쩡한 상태로 끝난 전쟁'이었다.

그런 탓인지 미국의 아이젠하워(Dwight Eisenhower) 대통령도 정전협정에 대한 메시지에서 '승리'라는 단어를 사용하지 않았다. "정전협정을 다만 기도와 감사로 받아들인다"고 했다. 유엔군사령관 클라크 장군도 "미국 역사상 최초로 미국이 승리하지 못한 정전협정에 조인한 최초의 미군사령관"이라며 침통해했다. 그 때문인지 전후 미국에서는 오랫동안 6·25전쟁을 기억하고 싶지 않은 의미로 '잊혀진 전쟁(forgotten war)'으로 저평가했다.

휴전을 극렬히 반대했던 대한민국은 더 심했다. 변영태 외무부 장관은 정전협정을 두고 "자유 세계가 공산세계에 바친 항복문서"라며 분통해했다. 국토통일을 목표로 싸운 대한민국 입장에서는 조국의 분단을 다시 받아들여야 할 정전협정을 놓고 망연자실(茫然自失)했다.

당시 육군참모총장 백선엽 대장은 그때의 상황을 회고록에서 밝혔다. "이승만 대통령은 담담하게 받아들였고, 클라크 장군은 비감한 표정이었고, 국군장병들은 침통한 표정이었으나, 그것을 불가항력의 현실로 받아들였다"고 했다. 얻는 것 없이 잃기만 한 허망한 전쟁이라는 점에서 국민들도 넋을 잃었다.

전후 폐허 속에서 다시 일어선 대한민국, 놀라운 경제성장 이뤄

전 국토는 폐허화됐고, 국가기간시설과 산업이 무너졌다. 집과 학교도 대부분 파괴됐다. 거기다 무수한 인명이 죽거나 다쳤다. 거리에는 상이군인을 비롯해 전쟁고아와 미망인이 넘쳐났다. 북한에 고향을 두고 온 실향민들은 더했다. 하지만 대한민국은 그런 폐허 속에서 다시 일어났고, 정전협정 체결 후 65년의 세월을 보내면서 놀라운 경제성장을 이루었다. 한강의 기적이었다. 세계가 경이로운 눈초리로 쳐다봤다. 그 무렵 6·25전쟁에 대한 평가도 보다 긍정적으로 바뀌었다. 대한민국을 도왔던 미국이 먼저 행동을 취했다.

오바마(Barack H. Obama) 대통령이 2009년 7월 27일 정전협정일을 '6·25전쟁 참전용사 휴전기념일'로 정하고, 성조기를 조기로 게양하도록 했다. 미국 의회도 2013년 정전60주년기념식을 갖고, "미국은 대한민국을 공산주의로부터 지켰고, 한국은 민주주의와 번영을 일궜다"며 전쟁에서의 승리에 무게를 두는 결의안을 통과했다. 미국 사회도 6·25전쟁을 잊혀진 전쟁(Forgotten war) 대신 명예로운 전쟁(Honored War) 나아가 '잊혀진 승리(Forgotten Victory)'로 재평가했다.

대한민국 정부도 2013년 정전 60주년을 맞이하여 7월 27일 정전협정일을 '유엔참전일'로 정하고 기념했다. 6·25전쟁을 자유민주주의 체제의 대한민국을 수호하기 위해 유엔이 참전한 국제전쟁이라는 의미에 무게를 뒀다. 이는 전후 한미상호방위조약을 바탕으로 한 굳건한 한미동맹의 뒷받침 속에서 대한민국이 이룩한 급격한 국력 신장 덕분이다.

대한민국 발전의 버팀목, 60만 국군 장병

대한민국이 그렇게 된 발전할 수 있었던 데에는 또 다른 이유가 있었다. 그것은 바로 든든한 60만 국군장병들이 국가안보를 책임지고 있었기 때문이다. 정전협정 체결 후 국군은 북한의 각종 도발에도 끄덕하지 않고 조국의 국토방위 임무를 훌륭히 완수했다.

국군에게 부여된 임무는 그때나 지금이나 그리고 앞으로도 여전히 자유민주주의 체제의 대한민국을 철통같이 지키고, 국민들의 생명과 재산을 철저히 보호하는 것이다. 그것만이 국군이 존재하는 유일한 가치이자 사명일 것이다.

2. 국군의 날을 맞아 그날의 의미를 되새기며

70여 년 전 10월 1일은 육·해·공 3군의 체제 완성의 날

1956년 9월 21일 대통령령에 의거 국가기념일로 지정

국군의 날은 10월 1일이다. 2020년 올해로 대한민국 국군으로 출범한 지 70여 년이 됐다. 이날은 두 가지 역사적 의미를 담고 있다.

국군3사단 장교들과 외신기자들의 38도선 돌파 기념사진(1950년 10월 1일)

하나는 국군의 골격인 3군 체제를 완성한 날을 뜻한다. 1949년 10월 1일 공군이 대한민국 국군 중 가장 늦게 창설됐다. 그렇게 됨으로써 국군은 비로소 육·해·공군의 3군 체제를 갖추게 됐다.

다른 하나는 1950년 10월 1일 대한민국 국군이 단독으로 38도선을 돌파한 날을 기념하기 위해서다. 국군의 날은 1956년 9월 21일 대통령령 제1173호에 의거 국가기념일로 정해졌다.

1956년 이전까지 각 군별로 창설 기념행사

국군의 날이 통합되어 실시될 때까지는 육해공군 및 해병대는 각각 자군(自軍)의 창설일에 맞춰 기념행사를 실시했다.

육군은 남조선국방경비대와 제1연대가 창설한 1946년 1월 15일에, 해군은 해방병단(海防兵團)이 창설한 1945년 11월 11일에, 해병대는 창설일인 1949년 4월 15일에, 공군은 육군에서 독립한 1949년 10월 1일에 창설기념행사를 가졌다. 그러다 보니 국군의 날 통합 제정에 대한 필요성이 대두됐다. 그때가 1956년이다.

정부에서는 국방에 대한 국민들의 대통합과 함께 예산 절약 차원에서 3군 체제가 완성되고, 국군 최초로 38도선을 돌파한 10월 1일을 국군의 날로 정하게 됐다. 국방사의 한 획을 긋는 뜻깊은 날이 아닐 수 없다.

국군의 날을 선정하는데 역사적 배경이 된 38도선 돌파는 국군에게 무한한 긍지와 자부심을 심어주기에 충분했다. 1950년 6월 25일 북한의 남침을 받고, 전쟁 개시 4일째에 수도 서울을 빼앗긴 국군은 땅을 치며 원통해 했다. 하지만 그것도 잠시였다. 전선은 계속 남으로 밀렸다. 국토의 10%에 해당하는 낙동강 방어선에 이르러서야 겨우 멈췄다. 그것도 미군의 전폭적인 지원을 받고서다.

그럼에도 대한민국의 운명은 바람 앞의 등불이었다. 북한군은 그들의 최종목표인 부산을 향해 최후 공세를 펼쳤고, 한미연합군은 이를 겨우 막아내고 있는 형국이었다. 그 당시 대구 북방 다부동(多富洞) 지역에서 싸웠던 국군1사단장 백선엽 장군은 그때의 전황을 "종잇장처럼 얇은 아군의 방어선을 북한군은 마치 뾰족한 송곳으로 찌르는 것처럼 공격했다"고 했다.

그만큼 전세는 국군과 미군에게 불리하게 전개되고 있었다. 전쟁의 끝이 보이지 않았다. 낙동강 전선의 불리한 전황을 지켜보던 워싱턴에서 그때 딴생각을 하게 됐다. 대한민국의 해외 망명정부 수립이었다. 그만큼 전투는 치열했고, 전황은 불투명했다. 전선에서는 연일 치열한 전투로 인해 '시체가 산을 이루고 피가 바다를 형성하는 시산혈해(屍山血海)의 싸움'이 계속되고 있었다.

국군에게 조금이라도 보탬이 되기 위해 학생들도, 여성들도, 징집 연령이 지난 아저씨들도 전선으로 몰려들었다. 그들은 학도의용군, 여자의용

38도선을 넘어 북진하는 국군과 유엔군

군, 지게부대라는 이름으로 참전했다. 그럼에도 전황은 조금도 나아지지 않았다. 어찌해 볼 수 없는 상황이 계속됐다. 낙동강 전선 뒤로는 푸른 물결이 넘실대는 남해가 있었다. 낙동강 전선을 지켜내지 못하면 대한민국도 국군도 국민들도 모두 푸른 남해에 빠져 죽을 수밖에 없었다. 국군 장병들은 그럴 수는 없다고 생각했다. 조국의 운명과 부모, 형제를 위해 낙동강 전선에서 다시 힘을 내 싸우고 또 싸우기를 그치지 않았다. 그리고 마침내 그곳을 피로써 지켜냈다.

인천상륙작전 성공하자 국군 38도선 향해 돌진

때마침 맥아더 유엔군사령관이 인천상륙작전을 단행하여 성공했다. 낙타가 바늘귀를 통과할 만큼 어렵다는 '5천분의 1의 확률'을 깨고 인천상륙작전에 성공했다.

낙동강 전선에서 힘겹게 싸우고 있던 국군장병들의 눈빛이 달라졌다. 때

38도선 표지석 건립 제막식(강원도 양양군 현북면 38도선 휴게소, 1988년 10월 9일)

는 이때다 하고 낙동강 전선을 박차고 38도선을 향해 그대로 돌진했다. 쉴 틈이 없었다. 발이 부르튼 줄도 모르고 밤낮으로 걸었다. 밑창이 떨어져 나가고 발가락이 튀어나온 신발을 신고 국군장병들은 험한 산길을 달려갔다. 도망치는 북한군보다 추격하는 국군이 더 빨랐다.

6·25전쟁 발발 이후 계속 쫓기는 입장에서 추격하는 입장이 된 국군장병들로서는 이보다 더 기쁜 일은 없었다. 모두가 신바람이 났다. 그렇게 해서 국군3사단이 38도선에 제일 먼저 도달했다.

이승만 대통령 "지체없이 북진" 명령

그런데 국군작전통제권을 갖고 있던 유엔군사령부나 미8군사령부에서는 38도선 돌파에 대한 명령이 아직 내려오지 않고 있었다. 그때 38도선 돌파의 물꼬를 튼 사람이 바로 국군통수권자인 이승만 대통령이었다.

서울환도식이 끝난 후 이 대통령은 유엔군사령관 맥아더에게 "지체 없이 북진해야 한다"고 말했다. 그러자 맥아더는 "유엔에서 아직 38도선 돌파 권한을 부여하지 않았다"며 주저했다. 이에 이승만 대통령은 "유엔이 이 문제를 결정할 때까지 장군께서는 휘하부대를 데리고 기다릴 수 있지만, 우리 국군장병들이 밀고 올라가는 것을 막지는 못할 것이오? 이곳은 우리 국군의 나라이기 때문에 내가 명령을 내리지 않아도 그들은 북진할 것입니다"라고 강하게 말했다. 그 무렵 미8군사령관 워커 장군도 "미8군은 재편성을 위해 그리고 돌파 명령을 대기하기 위해 38도선에서 정지할 것"이라고 기자들에게 말하고 있었다.

이승만 대통령은 더 이상 38도선 돌파문제를 방치할 수 없다고 판단하고, 대구의 육군본부를 방문한 후 육군 수뇌부를 향해 "국군의 통수권자는 맥아더 원수이냐, 그렇지 않으면 이 나라의 대통령이냐?"고 물었다.

이에 정일권 육군총장이 "그 문제는 간단하지 않습니다. 국군의 작전지휘권은 대통령께서 서명하신 문서에 의해 유엔군사령관에게 이양됐으므로 지금 또다시 이중으로 명령을 하시게 되면 혼란을 가져올 것입니다. 그러니 유엔에서 결정이 있을 때까지 좀 더 기다리는 것이 좋을 것 같습니다.

그럼에도 대통령께서 국가의 대계(大計)를 위해 명령을 내리시면 저희들은 그 명령에 따르겠습니다"라고 했다. 이 말을 들은 대통령은 "내가 이 나라의 최고통수권자이니 나의 명령에 따라 북진하라"고 쓰인 명령서를 정일권 총장에게 줬다.

38도선을 돌파한 날 기념하기 위해 '국군의 날' 제정

그렇게 해서 동해안의 38도선에서 대기하고 있던 국군3사단 23연대 3대대가 1950년 10월 1일 최초로 38도선을 돌파하게 됐다. 국군의 날은 그런 역사적 의미가 담긴 날을 배경으로 해서 육해공군 및 해병대의 3군이 완성된 날인 10월 1일로 정해졌다.

그리고 그로부터 70년의 세월이 흘렀다. 그 과정에서 국군은 우리가 만든 현대식 무기와 장비로 무장한 60만 대군으로 성장하며 국민의 군대로 발전했다. 자랑스럽기 그지없다.

그런 국군장병들의 어깨에는 거역할 수 없는 무거운 책무가 있다. 국민의 생명과 재산을 보호하고 자유민주주의 체제의 대한민국을 수호하는 것이다. 그것을 국민들을 향해 그렇게 하겠다고 다짐하는 날이 바로 국군의 날이다. 국군 장병들은 결코 그것을 망각해서는 안 될 것이다.

3. 국군 원로 모임인 창군동우회의 모체 '군사영어학교'

창군의 빛나는 주역들이자 조국을 수호한 '영웅'

군사영어학교 본관 모습(왼쪽 위)과 육군사관학교 26기 졸업식(오른쪽 위). 아래 사진은 왼쪽부터 군번 1번 이형근, 2번 채병덕, 3번 유재흥, 5번 정일권 장군이다.

대한민국 국군 원로들의 모임에는 창군동우회(創軍同友會)가 있다. 그야 말로 대한민국 국군의 창설을 주도하며 군을 이끌었던 군 원로(元老)들의 모임을 일컫는다. 창군동우회는 광복 후 미 군정 하에서 설립된 군사영어 학교 출신들로 구성됐다.

군사영어학교, 국군 창설에 필요한 간부 요원 양성 목적

군사영어학교(Military Language School)는 미 군정 시기 우리나라에 왔던 미군들의 가장 큰 애로사항이었던 '언어장벽'을 해소하기 위해 설립됐 다. 하지만 미 군정청에서 군사영어학교를 설립한 목적은 따로 있었다. 장 차 국군을 창설함에 있어 필요한 간부요원을 양성하는 것이었다.

군사영어학교는 1945년 12월 5일 서울 서대문구 냉천동에 있는 감리교 신학교에 설치됐다. 군사영어학교는 1946년 4월 30일 폐교될 때까지 5개 월 동안 총 110명을 장교로 배출했다. 이들은 졸업하면서 모두가 소위로 임관하지 않고, 일제강점기 때의 군사경력에 따라 소위부터 대령까지 차등 (差等)해 임관했다.

그때 대령으로 임관한 분은 군사영어학교 설립의 산파역을 담당했고 나 중에 초대 육군참모총장을 지냈던 이응준(李應俊, 육군 중장 예편) 장군이 다. 그다음 소령으로 임관한 분은 6·25전쟁 때 반공포로 석방을 주도했던 국군헌병총사령관 원용덕(元容德, 육군 중장 예편) 장군이다.

대위 임관자들은 군번 1번부터 5번을 차지한 이형근·채병덕·유재흥·장석 륜·정일권 장군 등 5명이다. 그들 중 유일하게 군번 4번인 장석륜(張錫倫, 대령 예편)만 대령으로 끝났다. 중위로 임관한 자는 과거 군사경력이 있는 이성가(李成佳, 육군 소장 예편)·백선엽·김백일·최남근(崔楠根, 숙군 때 사

형) 등 4명이다. 그렇게 볼 때 이들 11명을 제외한 나머지 99명은 소위로
임관했다.

1946년 12월 5일 설치, 1946년 4월 30일 폐교될 때까지 5개월 동안 110명 장교 배출

군사영어학교 출신들은 대한민국 육군 창설의 주역으로서 역할을 다했
다. 미 군정하에서 군사영어학교 출신들은 전국 각지로 파견되어 중대, 대
대, 연대를 차례로 창설했다. 그리고 6·25전쟁 이전에는 여단과 사단을 창
설했다.

6·25전쟁 때 군사영어학교 출신들은 대부분 대령 이상 계급장을 달고 육
군총장을 비롯하여 육군본부 국장 그리고 야전의 사단장과 연대장 직책을
거의 독차지했다. 그 과정에서 애환도 많았다. 6·25전쟁 이전 공산주의에
가담한 죄로 19명이 사형 또는 파면됐고, 전사·순직 및 사고로 8명이 희생
됐다. 그 결과 6·25전쟁에는 그들 27명을 제외한 83명이 참전했다.

6·25전쟁 거치며 83명 중 78명이 장군으로 진출

군사영어학교 출신들은 6·25전쟁을 거치며 군의 중추 세력으로 성장했
다. 6·25전쟁 당시 남아 있던 83명이 6·25전쟁을 거치면서 78명이 장군으
로 진출했다. 5명만 장군을 달지 못했다. 그만큼 6·25전쟁에서 그들이 남
긴 공적이 매우 크다는 것을 의미한다.

군사영어학교 출신들은 이승만(李承晩)과 장면(張勉) 그리고 박정희(朴
正熙) 정부를 거치며 군의 주요 고위직책을 거의 독점했다. 이들은 1960년
대 말까지 군의 요직인 합참의장과 육군총장을 거머쥐고 있었다.

그러다 보니 군사영어학교 출신들의 군 경력은 화려했다. 육군 대장이 8

명(백선엽·정일권·이형근·김종오·민기식·김용배·김계원·장창국), 중장이 26명, 소장이 23명, 그리고 준장이 21명이었다. 그 가운데 국무총리 2명(정일권·강영훈), 국방부 장관 6명(송요찬·장도영·박병권·정래혁·최영희·유재흥), 합참의장 7명, 육군참모총장 13명을 배출했다. 대단한 파워가 아닐 수 없다.

이들은 군뿐만 아니라 정계와 실업계로 진출하여 국가발전에도 공헌했다. 그들의 삶은 곧 대한민국 태동의 역사요, 군의 시발점을 알리는 역사였다. 그들은 군과 함께 성장하며 대한민국 발전에도 기여했다. 그렇지만 군사영어학교 출신들도 세월은 이기지 못했다. 그들도 어느 시점부터 서서히 군을 떠나게 됐다. 대체로 3차에 걸쳐 군문을 벗어났다.

1차로는 1960년 4·19 이후였다. 그때 백선엽(白善燁) 대장을 비롯하여 송요찬(宋堯讚) 육군참모총장과 유재흥(劉載興) 1군사령관 등이 떠났다.

2차로는 5·16 이후 반혁명으로 지목된 이한림(李翰林)·강영훈(姜英勳)·김웅수(金雄洙)·장도영(張都暎) 장군 등이 떠났고, 마지막으로 1960년대 말에는 군의 요직을 두루 거친 김계원(金桂元) 육군참모총장과 장창국(張昌國) 합참의장이 군을 떠나면서 찬란했던 군사영어학교 시대도 막을 내리게 됐다. 그때가 1960년대 말이었다. 그 세월이 자그만 치 20여 년이었다. 20대 중반에 군문에 들어온 그들이 장년의 나이에 군을 벗어나게 됐다.

군문 벗어난 출신들이 친목 단체 '창군동우회' 결성

군문을 벗어난 이들 군사영어학교 출신들에게는 아직도 국가를 위해 할 일이 많이 남았다. 그들은 정부 각료, 국회의원, 외국 대사, 공기업 사장 등으로 진출하여 국가발전에 마지막 힘을 쏟아부었다. 그러다 하나둘씩 제2 또는 제3의 직장에서 물러나면서 옛 군대 향수를 되살리기 위해 친목회를 만들었다. 자연스런 모임이었고, 활동이었다.

그렇게 해서 군사영어학교 출신자들로 구성된 창군동우회가 결성됐다. 과거 어려울 때 군대를 창설하여 이끌던 그때를 회상하기 위해 만든 친목 단체였다. 나아가 그런 군을 위해 어떤 식으로든지 조금이나마 도움을 주기 위한 노병(老兵)들의 충정이 담긴 모임이기도 했다.

세월의 무게 견디지 못하고…백선엽 장군 100세로 타계

창군동우회는 2000년 6·25전쟁 발발 50주년을 계기로 크게 활성화됐다. 모임은 대한민국 첫 대장 계급장을 달았고, 육군총장을 두 번이나 역임했으며, 합참의장을 끝으로 군문을 떠났던 백선엽(白善燁) 대장을 중심으로 뭉쳤다. 그런데 세월이 흐르면서 창군동우회 멤버들도 세월의 무게를 견디지 못하고 차츰 세상을 등졌다.

2000년대 초까지만 해도 40~50명에 이르던 창군동우회 멤버들이 이제는 한 명만 생존해 있다. 2020년 현재 군사영어학교를 졸업한 창군동우회 생존자는 육군본부 정보국장을 역임한 김종면(金宗勉, 육군 준장 예편, 육군 정보국장 역임) 장군이 유일하다.

최근 몇 년 사이에 여러 분들이 돌아가셨다. 육군사관학교 교장을 끝으로 군문을 떠났던 강영훈 국무총리를 비롯하여 박정희 대통령 시절 육군참모총장과 중앙정보부장 그리고 대통령비서실장을 역임했던 김계원 장군도 세상을 떠났다.

국무총리를 역임한 정일권 장군의 영원한 오른팔 역할을 했던 황헌친(黃憲親, 육군 준장 예편, 육본 부관감 역임) 장군도 돌아가셨다. 그리고 '살아있는 6·25전설'로 한미 양국 군인들로부터 각별히 존경을 받았던 백선엽 장군도 2020년 7월 10일 100세의 일기로 타계했다. 그들은 모두 앞서거니

뒤서거니 하며 그렇게 우리 곁을 떠나갔다.

오로지 나라만…이 땅의 애국자이자 전쟁영웅들

모두가 창군의 산 역사이자 증인들이다. 6·25전쟁 때는 가족도 돌보지 못하고 오로지 나라를 위해 동분서주하며 대한민국을 수호한 이 땅의 진정한 애국자이자 전쟁 영웅들이다.

오늘날 60만 대군을 자랑하는 대한민국 국군은 모두 그분들의 손끝을 거치며 발전했다. 그런 점에서 창군동우회의 마지막 남은 그분들에게 60만 국군과 함께 진심으로 존경과 감사를 드린다.

4. 대한민국 국군과 국민의 안보전당, '전쟁기념관'

돌 하나…기둥 하나…호국의 혼들이 숨쉬는 듯

　전쟁기념관은 대한민국 국군은 물론이고 국민들의 소중한 호국안보 전당(殿堂)으로서 역할을 충실히 하고 있다. 그곳에서는 우리나라 5천 년 역사 동안 위국헌신한 호국선열들의 나라 사랑 정신과 애국혼(愛國魂)을 몸으로 느낄 수 있다.

전쟁기념관 건물 전경

뿐만 아니라 6·25전쟁 시 자유민주주의 체제의 대한민국 수호를 위해 목숨을 바친 국군과 경찰 그리고 유엔참전용사들의 '국제평화를 향한 애틋한 숨결'도 함께 느낄 수 있다. 그런 점에서 전쟁기념관은 대한민국 유일의 안보 교육 및 학습장이기도 하다.

6·25전쟁 이후 설립 필요성 제기

전쟁기념관(War Memorial of Korea)은 1994년 6월 10일 서울 용산에 터를 잡았다. 그러기까지에는 많은 시간과 노력이 필요했다.

6·25전쟁이 끝난 후 군사박물관 또는 전쟁기념관 설립문제는 정부와 학계 그리고 참전단체로부터 꾸준히 제기됐다. 멀리는 1964년부터 시작됐다. 하지만 그때는 전쟁기념관을 설립할 예산도, 마땅한 부지도 없었다.

노태우 대통령 시절 건립 본격 추진

그러다 1988년 6월 노태우(盧泰愚) 대통령이 국방부를 초도 순시한 자리에서 전쟁기념관 설립문제의 필요성을 언급했다. 그때부터 국방부는 물론이고 청와대에서도 전쟁기념관 설립을 검토하기 시작했다. 노태우 대통령은 거기에 만족하지 않았다. 기념관 설립을 책임지고 일할 사람을 물색했다.

노태우 대통령은 육군2군사령관을 역임하고 육군 중장으로 예편한 이병형(李秉衡) 장군을 생각했다. 노태우 대통령은 이병형 장군을 전쟁기념관 설립에 최적임자로 판단했다.

이병형 장군과 노태우 대통령은 개인적으로 인연이 깊었다. 노태우 대통령이 대령 시절 8사단 21연대장으로 부임해 갔을 때 당시 차차상급(次次上級) 지휘관이던 5군단장이 바로 육군사관학교 4기 출신의 이병형 장군이었다. 이병형 장군은 책임감이 강하고 오로지 군 밖에 모르는 철저한 야전형 군인이었다. 그런 탓으로 이병형 장군은 야전을 기피하며 후방에서 편한 자리에 앉아 진급만 노리는 일명 '책상머리 장교'들을 가장 싫어했다.

당시 노태우 대령은 육사 11기로 육군참모총장 서종철(徐鍾喆, 육사 1기) 장군의 수석부관을 지낸 뒤였다. 그런 노태우 대령을 야전 군인의 전형인 1군사령관 한신 장군이나 5군단장 이병형 장군이 좋게 볼 리 없었다. 야전 경험이 없는 책상머리 장교라고 판단했다. 물론 선입관이었다.

이병형 장군은 연대장 신고를 하러 온 노태우 대령에게 제동을 걸었다. 군단장이 낸 시험에 합격해야 연대장 보직신고를 받겠다고 했다. 노 대령은 황당했으나, 군단장이 낸 야전시험 문제를 육군대학에서 배운 내용을 상기하며 풀었다. 그리고 군단장에게 제출했다. 답안지를 받아 본 군단장은 90% 이상의 성적이라며 놀라워했다. 그렇게 해서 노 대령은 연대장 신고를 마칠 수 있었다.

이후에도 이병형 군단장의 노태우 연대장에 대한 시험은 계속됐다. 그 결과 군단장은 거짓이 없고 군대 철학이 확실한 노 연대장을 높이 평가했고, 노태우 대령도 순수한 야전형 군인으로 사심이 없는 이병형 군단장을 군 상관이자 대선배로서 진심으로 존경하게 됐다.

그런 인연으로 노태우 대통령은 전쟁기념관을 추진할 총책임자로 자신이 군 생활 중 가장 존경했던 이병형 장군을 건립추진위원장으로 미련 없이 발탁했고, 거기다 이병형 장군을 옆에서 도와줄 후원회장으로 6·25전쟁의 영웅이자 국군 최고 원로인 백선엽 장군을 임명했다. 그리고 이 두 사람을 보좌하며 실무를 책임질 사무총장에 교육사령관을 역임한 육군 중장 출신의 장정렬(張正烈) 장군을 임명했다.

1994년 6월 개관…전쟁기념관 시대 개막

그렇게 해서 전쟁기념관 설립이 본격적으로 추진됐다. 그로부터 6년 후인 1994년 6월 드디어 전쟁기념관이 육군본부가 있던 삼각지에 그 웅장한 자태를 드러냈다. 전쟁기념관 시대의 개막이었다.

노태우 대통령 때 시작된 사업이 김영삼 대통령 때 마무리된 것이다. 그 때문에 전쟁기념관에는 두 개의 대통령 휘호가 있다.

전쟁기념관 정문에 해당하는 광장 입구에는 노태우 대통령이 쓴 '전쟁기념관'이라는 휘호가 놓여 있고, 기념관 본관 입구에는 김영삼(金泳三, 1927-2015) 대통령의 '護國殿堂'(호국전당)이라는 휘호가 걸려 있다.

노태우 대통령은 전쟁기념관 설립을 추진했고, 김영삼 대통령은 이를 완공시켰다. 전쟁기념관 설립에 공이 큰 두 대통령을 기리기 위한 배려였다.

20만 명 넘는 전사 명비 '특별'…국가별로 유엔군 참전용사 새겨

전쟁기념관에는 다른 기념관에서 볼 수 없는 특별한 것이 있다. 전쟁기념관 양쪽의 긴 회랑과 본관 건물 좌우측 회랑에 20만 명이 넘는 전사자명비가 바로 그것이다. 그곳에는 대한민국 정부 수립을 전후하여 순직 또는

전쟁기념관 전사자 명비

전사한 군인과 경찰관, 6·25전쟁 때 전사한 국군과 경찰 그리고 전사한 유엔군 참전용사들이 국가별로 검은 돌 오석(烏石) 위에 선명하게 새겨져 있다. 모두가 대한민국의 자유 수호를 위해 기꺼이 목숨을 바친 애국자요, 국제평화 수호자다.

그로부터 전쟁기념관은 2020년 현재, 설립추진부터는 32년, 개관 이후로는 26년의 세월이 흘렀다. 적지 않은 세월이다. 그동안 전쟁기념관은 국군과 국민들이 대한민국의 정체성을 확인하고, 순국선열들의 숭고한 애국애족의 정신을 본받는 호국의 전당으로서 역할을 다하고 있다.

나아가 외국인이 대한민국에 가면 꼭 가봐야 할 3대 명소 중 하나가 됐다. 그러기까지에는 초대 이병형 관장부터 2020년 현재 11대 이상철 관장에 이르기까지 역대 전쟁기념관장과 직원들의 노고가 적지 않았다.

세계적 안보관광 명소로 재탄생

그중에서도 초대 이병형 관장과 8대 선영제(宣映濟) 관장의 역할이 무엇보다 컸다. 이병형 초대 관장이 기념관을 설립하여 그 기틀을 마련한 창업의 역할을 했다면, 선영제 관장은 전쟁기념관을 세계적 명소로 자리 잡게 하는 일등공신 역할을 했다.

선영제 관장은 기념관의 담벼락을 허물어 기념관을 국민들의 눈높이에 맞췄고, 첨단전시기법을 적용하여 전시관을 획기적으로 개선함으로써 관객 200만 돌파라는 위업을 달성케 했고, 전쟁기념관이 어른들을 위한 안보 공간으로서 뿐만 아니라 어린이들을 위한 '열린 안보 공간'으로 확대됐다. 바로 어린이박물관 설립이다.

그렇게 함으로써 국적을 떠나 세계 여러 나라 사람들이 누구나 찾을 수 있는 세계 안보관광 명소로 거듭 태어나게 했다.

순국선열…참전용사 추모의 장

특히 전쟁기념관은 호국·안보의 장(場)은 물론이거니와 국방 및 안보외교의 중추 역할도 톡톡히 해내고 있다. 우리나라를 방문한 6·25전쟁 참전국 원수(元首)를 비롯해 외교 및 국방부 장관 그리고 군 수뇌부들은 어김없이 전쟁기념관을 찾아 6·25 때 이 땅에서 숨진 그들 선배들의 이름이 새겨진 전사자 명비에 헌화하는 것을 잊지 않고 있다.

그렇게 볼 때 전쟁기념관은 단순히 6·25전쟁을 비롯하여 우리나라 전쟁 역사를 전시하고 있는 호국의 전당으로서 뿐만 아니라 대한민국 수호를 위해 희생한 순국선열과 유엔참전용사를 위한 추모의 장(場)이기도 하다. 그런 점에서 전쟁기념관의 역할은 예나 지금이나 앞으로도 매우 중요하다 할 것이다.

선영제 전쟁기념관장(오른쪽 4번째)이 지켜보는 가운데 추모비에 분향하고 있는 덴마크 황태자 내외(2011)

5. 국립현충원의 호국영령과 순국선열 그리고 현충일

애국 숨결 고스란히···국가 정체성 상징이자 민족 성지

대한민국 국립현충원은 조국을 위해 목숨을 바친 호국영령(護國英靈)과 순국선열(殉國先烈)들이 영원한 휴식을 취하고 있는 민족의 성스러운 곳이자 겨레의 얼이 서린 곳이다.

국립현충원은 서울과 대전 두 군데 있다. 그곳에 들어서면 민족의 정기를 느끼게 할뿐만 아니라 대한민국이 어떤 나라라는 것을 바로 알 수 있게 해준다. 그곳에는 나라를 사랑하고 겨레를 아끼는 애국애족(愛國愛族)의 마음과 함께 국가와 국민에 대한 충성과 절의를 나타내는 충의(忠義)로 가득 채워져 있다.

후세에게 나라의 소중함 등 깨우쳐 주는 곳

국립현충원은 수많은 순국선열과 호국영령들의 나라 사랑 이야기로 가득 차 있다. 뿐만 아니라 '호국의 숨결'을 느낄 수 있는 유일한 곳이다. 그분들은 모두 조국 대한민국의 과거와 연결되어 있다.

역사적으로 대한민국은 어렵게 탄생했고, 우리 민족은 숱한 고초를 겪었다. 일제강점하에서의 독립운동과 8·15광복 후의 건국 운동 그리고 대한민국 정부 수립 이후 2년도 안되어서 터진 6·25전쟁이 바로 그것이다.

그 과정에서 숱한 애국지사와 독립투사 그리고 건국운동가와 호국영령들이 이 나라와 이 겨레를 위해 기꺼이 목숨을 바쳤다. 그들은 단 한 치의 주저함도 없이 목숨을 초개(草芥)와 같이 버렸다. 그 결과 일제로부터 나라를 되찾았고, 공산주의 침략으로부터 조국 대한민국을 수호했다.

그런 점에서 국립현충원은 대한민국 정체성의 상징이자, 우리 국민들의 '호국의 얼'이 서린 민족의 성지라고 할 수 있다. 그곳의 호국영령과 순국선열들은 후세들에게 늘 무언(無言)의 가르침을 주고 있다. 나라의 소중함, 겨레의 귀중함, 그리고 조국의 위대함을 깨우쳐 주고 있다. 그곳의 호국영령과 순국선열들은 나라를 위해서라면 목숨까지 버렸다. 그런 점에서 그분들은 오늘날 대한민국이 있도록 한 대한민국 최고의 반열에 오를 일등공신들이다.

애국지사·경찰관·학도의용군 등 한자리

특히 서울 국립현충원에는 일제강점기 나라를 되찾기 위해 숱한 어려움을 겪으며 중국 등 해외에서 독립운동을 했던 애국지사들도 묻혀 있고, 나라를 세운 데 공이 큰 건국의 원훈(元勳)들도 있고, 6·25전쟁과 베트남전쟁 그리고 국가위기 시 나라를 지키기 위해 전사하거나 순직한 호국영령들도 있다. 이들 호국영령 중에는 군인들도 있고, 경찰관도 있고, 대한청년단원들도 있고, 청년방위대원과 국민방위군도 있고, 학도의용군도 있고, 유격대원도 있다. 세월의 흐름에 따라 국가유공자는 물론이고 소방공무원과 의사상자(義死傷者)도 포함됐다.

현충일날 국립대전현충원의 참배객들 모습

'호국의 수호신' 무명용사

그럼에도 호국영령 중에서 유난히 가슴을 아프게 한 분들이 있었으니, 바로 무명용사(無名勇士)들이다. 그분들은 그 드넓은 국립현충원에 한 자락의 땅도 차지함이 없이 그저 위패(位牌)만 모셔져 있다. 분명 이름이 있어도, 이름이 없는 것처럼 잘 알려져 있지 않은 이 땅의 숨은 전쟁 영웅들이다. 그들은 총알과 포탄이 난무하는 전쟁터에서 조국을 위해 아무것도 남기지 않고 깨끗이 산화(散華)했다. 육신(肉身)에 있는 터럭 하나, 뼛조각 하나까지도 남기지 않았다. 조국을 위한 크나큰 희생이 아닐 수 없다. 진정한 호국영령들이다. 그들이 흘린 피와 살이 바로 대한민국을 지키고 살렸다, 그들은 아무런 대가도 바라지 않고 그렇게 했다.

국립현충원은 최초 6·25전쟁에서 전몰한 이들 무명의 호국영령들을 위해 마련됐다. 그래서 처음 설립될 때 명칭도 그들의 군인 신분을 고려하여 '국군묘지'로 정했다.

국군묘지는 1953년 9월 29일 이승만 대통령의 재가를 받아 설치됐다. 국군묘지는 대통령령 제1144호로 공포된 국군묘지설치령인 '군묘지령(軍墓地令)'에 의거하여 추진됐다. 국군묘지 관리를 위해 국방부에서는 국방부 일반명령 제218호에 의거 국군묘지관리소를 설립하여 운영했다. 그때가 1955년 7월 15일이다.

1956년 4월 '현충일' 국가기념일로 정해

국군묘지를 선정할 때 이승만 대통령은 군에서 추천한 여러 후보지 중 현재 국립서울현충원이 있는 동작동 일대를 직접 둘러보고 최종 결정했다. 풍수지리에 일가견이 있던 이 대통령은 백선엽 육군총장과 테일러(Maxwell D. Taylor) 미8군사령관과 함께 헬기를 타고 공중정찰하면서 동작동 일대를 둘러보고는 호국영령이 묻힐 명당자리라며 기뻐했다.

이승만은 백선엽 장군에게 자신도 이곳 동작동에 묻히고 싶다고 말했다. 그 때문인지 국립서울현충원에는 이승만은 물론이고 박정희·김대중·김영삼 대통령도 함께 묻혀 있다.

국군묘지가 선정되고 공사가 진행되자 정부에서는 1956년 4월 14일 국무회의를 열고 '현충일'을 국가기념일로 정했다. 그렇게 보면 현충일은 국군묘지 설치와 직접적으로 연관이 있는 셈이다.

국군묘지를 준공할 때 제일 먼저 건립한 것이 바로 '무명용사탑과 무명용사문'이었다. 그에 따라 무명용사가 가장 먼저 안장됐고, 그다음에 신분이 확인된 전몰용사, 애국지사, 재일학도의용군, 경찰관, 임시정부 요인, 소방공무원 등 순으로 안장됐다.

그런 점에서 무명용사는 진정한 이 나라의 '호국의 수호신'인 셈이다. 이에 윤보선(尹潽善, 1897-1990) 대통령은 사람이 아닌 시설물인 무명용사탑에 태극무공훈장을 수여했다. 참으로 값진 일이 아닐 수 없다.

국군묘지·국립묘지에서 국립현충원으로

그 과정에서 국군묘지와 관리기관의 명칭도 변경됐다. 국군묘지는 1965년 국립묘지로 격상됐다가 대전에 국립묘지가 설치된 이후인 2005년에 최종적으로 국립서울현충원과 국립대전현충원으로 바뀌었다. 이는 2005년 7월 29일에 제정된 '국립묘지 설치 및 운영에 관한 법률'에 따른 것이었다.

이때 국군묘지관리소도 국립묘지관리소에서 1996년 국립현충원으로 바뀌었다가 2006년 최종적으로 관리기관 명칭이 묘지명과 똑같이 국립서울현충원과 국립대전현충원으로 부르게 됐다.

호국영령·순국선열 추모를

대한민국의 6월은 호국보훈의 달이다. 나라를 위해 숨져간 호국영령과 순국선열들의 드높은 희생과 그 장(壯)한 뜻을 추모하고 기리는 달이다. 대한민국 국민이라면 누구나 할 것 없이 현충일이 들어있는 6월 한 달 동안은 적어도 이 나라의 독립과 건국 그리고 호국을 위해 기꺼이 목숨 바친 호국영령과 순국선열들에게 감사의 마음을 깊이 새겨야 할 것이다.

대한민국이 누구에 의해 어떻게 지켜졌고, 지금 우리가 자유로운 이 나라에서 어떻게 살고 있는지를 충분히 깨달으면서…!!!

6. 베트남전쟁과 태극무공훈장 영웅들

월남(남베트남) 국가건설 앞장…32만 파월 국군 '따이한' 명성

주월한국군사령관 채명신 장군

훈련 중 부하 구한 강재구 소령 등

태극무공훈장 17명 수훈

총 2만 1803명 무공훈장

베트남전쟁은 대한민국 정부 수립 이후 최초의 해외 전투부대 파병이었다. 국군의 베트남 파병은 전쟁 당사국인 남베트남(당시 월남) 정부와 동맹국인 미국의 요청에 따른 것이었다. 그럼에도 불구하고 베트남 파병은 한

채명신 주월한국군사령관(왼쪽)이 베트남 파병 길에 오른 장병들을 격려하고 있다.

민족 5천 년 역사 이래 최대 규모를 자랑했다.

베트남에 있는 또 하나의 대한민국 국군

베트남에 파병된 국군은 8년 6개월 동안 32만 명에 달하는 전투 병력을 파병했다. 그에 따라 참전 부대도 다양했다. 육·해·공군 및 해병대를 망라했고, 거기에 태권도교관단까지 합세했다. 마치 대한민국 국군을 축소하여 베트남에 옮겨놓은 것 같았다. 그런 점에서 베트남에 파병된 국군은 베트남에 있는 '또 하나의 대한민국 국군'이었다.

베트남에 파병된 국군의 활약은 대단했다. 베트남의 정글 지대와 산악지대를 날다람쥐처럼 누비며 그 지역의 평화와 안정을 위해 힘닿는 데까지 싸웠다. 그런 대한민국 국군의 활약에 베트남 국민들은 물론이고, 도움을 요청했던 미군 수뇌부도 놀라움을 금치 못했다. 기대 이상이라는 반응이었다. 파월(派越) 국군은 여기서 멈추지 않았다. 파괴된 가옥, 교량, 학교, 도로를 보수하고, 백만 명이 넘는 베트남 사람들을 무료로 진료해 줬다. 이번에는 베트남 국민들이 '따이한'을 외치며 환호했다.

"희생적이며 영웅적인 활동" 평가

초대 주월(駐越) 미군사령관이었던 웨스트모얼랜드(William C. Westmoreland) 장군도 그런 분위기를 띄웠다. 1968년 5월 21일 이임사에서 그는 "파월 국군은 수 백회에 걸친 작전과 수 만회를 헤아리는 소부대 작전을 통해 공산주의자들의 테러행위와 침략에 대항하는 월남 국민들을 돕는데 희생적이며 영웅적인 활동을 했다"며 높이 평가했다. 그리고 "파월 국군은 학교와 교량 건설, 무료진료, 각종 대민사업 등 우의에 찬 활동을 통해 월남의 국가건설을 도왔다"고 치하했다.

베트남전쟁에서 국군의 전공은 뛰어났다. 정부에서는 유공자들에게 무공훈장을 수여했다. 21,803명이 무공훈장을 받았다.

대한민국 정부의 '베트남전쟁 시 수여된 정부포상'에 의하면 태극무공훈장 12명, 을지무공훈장 172명, 충무무공훈장 862명, 화랑무공훈장 7,684명, 그리고 인헌무공훈장이 13,073명이다. 그중에서도 대한민국 최고무공훈장은 12명이다. 그들은 베트남전쟁에서 꽃피운 대한민국 최고의 전쟁 영웅들이었다.

태극무공훈장은 국군 12명 외에도 외국군 5명에게도 수여됐다. 그래서 베트남전쟁을 통해 대한민국 정부가 수어한 태극무공훈장은 모두 17개가 된다.

채명신 중장과 이세호 중장

파월 국군 중 태극무공훈장을 받은 가장 높은 직책은 주월(駐越) 한국군 사령관을 역임한 채명신(蔡命新, 1926-2013, 육군 중장 예편) 중장과 이세호(李世鎬, 1925-2013, 육군 대장 예편) 중장이다. 두 사람은 파월군 지휘 및 국위선양의 공로로 태극무공훈장을 받았다.

최초의 태극무공훈장은 파월훈련 중 부하가 떨어뜨린 수류탄을 몸으로 막아 30명의 부하를 구하고 순직한 강재구(姜在求, 1937-1965, 소령 추서) 대위였다. 이들 3명을 제외하고 베트남 정글 지대와 산악지형을 누비며 혁혁한 전공을 세우고 태극무공훈장을 받은 베트남전 영웅은 9명이다.

태극무공훈장 수훈자를 종합해 보면 장군

'짜빈둥 전투의 영웅' 신원배 해병대 소대장

이 2명, 영관장교 2명, 위관장교 6명, 부사관 2명이다. 아쉽게도 병사는 단한 명도 없다. 군별로는 육군 8명(장교 7명·부사관 1명), 해병대 4명이다. 그 중 전사한 전쟁 영웅도 5명이나 된다. 육군 장교 7명 중에는 육군사관학교 출신이 3명(채명신·이세호·강재구), 갑종장교 출신이 3명(최범섭·송서규·임동춘), 육군3사관학교 출신이 1명(이무표)이다.

이인호 소령 등 12명 태극무공훈장

베트남전에서 최초의 태극무공훈장 수훈자는 청룡부대인 해병2여단의 이인호 대위(소령 추서)였다. 그는 청룡부대 3대대 정보장교로 1966년 7월 뚜이호아에서 실시된 해풍작전에서 동굴을 수색 중 부하들을 구하기 위해 베트콩이 던진 수류탄을 안고 전사했다.

두 번째는 맹호부대(수도사단) 기갑연대 3대대 9중대 2소대 선임하사 이종세 중사(상사 특진)가 받았다. 그는 1966년 8월 캄보디아 국경선에 접해 있는 둑꼬전투에서 부상당한 소대장을 대리해 수훈을 세웠다.

세 번째는 청룡부대 3중대 3소대 위생 하사관 지덕칠 중사가 받았다. 그는 1967년 1월 강구전투에서 부상을 당한 몸으로 다른 부상자를 구출했을 뿐만 아니라 분대장이 전사하자 그를 대신해 포위당한 소대를 포위망에서 벗어나게 했다. 그런 후 다른 환자를 먼저 후송 보냄으로써 자신은 결국 과다출혈로 전사했다. 살신성인의 귀감이 아닐 수 없었다.

네 번째와 다섯 번째의 태극무공훈장도 청룡부대의 해병대가 받았다. 1967년 2월에 벌어진 짜빈동 전투에서 증강된 적 정규군 1개 연대를 격멸한 11중대장 정경진 대위와 1소대장 신원배 소위가 그 주인공이었다.

여섯 번째 태극무공훈장 주인공은 백마부대(9사단)의 송서규 중령(대령 추서)이었다. 그는 9사단 29연대 2대대장으로 1967년 11월에 있은 닌호아

청룡부대 지덕칠 중사

2호 작전에서 6중대 3소대장이 전사하자 자신이 직접 소대를 지휘하던 중 적탄을 맞고 전사했다.

일곱 번째 태극무공훈장은 남베트남 4군단에 파견된 태권도교관단 지구대장 최범섭 소령(중령 추서)이다. 그는 1968년 공산군 최대공세였던 구정공세(일명 뗏공세) 시 칸토지역에 거주하던 우리 교민들을 피난시키는 과정에서 베트콩과 교전 중 전사했다.

여덟 번째와 아홉 번째 태극무공훈장은 1972년 4월에 실시된 안케패스 전투에서 혁혁한 전공을 세운 맹호부대 기갑연대 2중대 3소대장 임동춘 중위(대위 추서)와 기갑연대 4중대 3소대장 이무표 중위였다. 갑종장교 출신의 임동춘 중위는 안케패스 전투에서 적 벙커를 수류탄으로 공격하던 중 전사했고, 육군3사관학교 1기 출신의 이무표 중위는 난공불락으로 알려진 안케패스 고지를 점령하는 전공을 세웠다.

5명의 외국군도 태극무공훈장 받아

대한민국 정부는 5명의 외국군에게도 태극무공훈장을 수여했다. 그중 태국군이 1명, 남베트남군이 2명, 미군이 2명이다. 태국군에서는 육군사령관 푸라파스차루사티아라 장군이, 남베트남군에서는 합참의장 까오반비엔 장군과 국가영도위원회 위원장 판후안치우가, 그리고 미군에서는 주월미군사령관 웨스트모얼랜드(William C. Westmoreland, 육군참모총장 역임) 장군과 에이브럼스(Creighton W. Abrams, 육군참모총장 역임) 장군이 받았다.

그런데 태극무공훈장을 받은 주월미군사령관 두 사람은 모두 6·25전쟁에 고급장교로 참전했던 용사들이다. 웨스트모얼랜드(장군은 한국전 유일의 미 공수부대였던 187 공수연대전투단의 단장으로 참전해 용맹을 떨쳤고, 에이브럼스 장군은 미10군단 참모장으로 참전해 우리나라 1야전군사령부 창설에 기여했다.

태극무공훈장을 받은 주월미군사령관
에이브럼스 장군

에이브럼스 장군은 첫 야전군 창설로 경험이 없던 초대 사령관 백선엽 대장과 한국군 참모들에게 야전군 업무를 교육시켰다. 그런 에이브럼스 장군의 셋째 아들이 2018년 주한미군사령관 겸 한미연합사령관에 임명되었다. 6·25전쟁과 베트남전쟁 그리고 태극무공훈장이 맺어준 깊은 인연이라는 점에서 반갑기 그지없다.

7. 대한민국 '국군의 경계 1번지' 휴전선의 변천

6·25전쟁 상흔 남아 있는 민족의 슬픈 분단선

1953년 7월 27일 정전협정 체결에 의해 휴전선 그어져

휴전선은 대한민국 국군의 경계 1번지이다. 오늘날 휴전선은 '와이(Y)자형 철책선(鐵柵線)'으로 상징되는 대한민국의 최전선을 일컫는다.

휴전선은 1953년 7월 27일 정전협정 체결에 의해 발생한 것으로, 겨레의 전쟁 상흔이 고스란히 담겨 있는 '민족의 슬픈 분단선'이다. 그런 점에서 휴전선은 철저히 6·25전쟁의 비극적 소산물(所産物)이다. 그 탓으로 휴전선은 정전협정 체결 후 약 70년을 내려오고 있으나, 여전히 남북한이 군사적으로 첨예하게 대치하고 있는 국경선 역할을 담당하고 있다.

휴전선은…군사분계선·비무장지대·남방 및 북방한계선으로 구분

정전협정 체결로 생긴 휴전선은 크게 세 부분으로 구분된다. 군사분계선과 비무장지대 그리고 남북의 실질적인 경계선 역할을 '남방 및 북방한계선'이다.

민족의 상흔을 안고 있는 휴전선 너머의 일몰 모습(경기도 연천의 육군5사단 지역)

휴전선에서 국군 장병들이 철책선을 따라 경계작전을 하고 있는 모습

군사분계선(MDL)은 그야말로 남북을 가르는 국경선 역할을 하고 있고, 그 선을 경계로 남북으로 각각 2킬로미터씩 폭 4킬로미터 지역이 바로 비무장지대(DMZ)다. 그리고 비무장지대 남쪽 끝이 남방한계선(SLL)이고, 북쪽 끝이 북방한계선(NLL)이다.

오늘날 우리가 흔히 말하는 휴전선은 바로 남방한계선을 지칭한다. 대한민국 국군은 남방한계선에 설치된 '와이(Y)자형 철책선'에서 북쪽을 바라보며 대북(對北) 경계 임무를 수행하고 있다. 그 세월이 자그만 치 65년이다.

초기 국군 방어진지 참호로 연결…북한군 잦은 침투로 골치

약 70년의 역사를 지닌 휴전선에는 처음부터 오늘날과 같은 '와이(Y)자형 철책선'이 설치된 것이 아니다. 6·25전쟁이 끝난 후 국군과 미군의 방어진지는 1차세계대전 시 방어선과 같이 참호(塹壕)로 연결되어 있었다. 아군 방어진지는 대부분 나무나 마대(麻袋)에 흙을 넣은 흙 주머니를 이용하여 구축한 것들이었다. 여기에 적을 관측하기 위해 주요 산봉우리에 망루(望樓) 형태의 감시초소를 설치해 북한군을 감시했다.

국군은 그런 상태에서 많은 병력을 투입하여 보초를 세워 경계를 섰으나, 적의 침투를 막기에는 역부족이었다. 적은 주로 아군 초소에서 감지되지 않은 낮은 계곡 사이를 통해 국군의 전방부대나 미군 부대를 습격하고, 철도와 주요 산업시설을 폭파하는 등 갖은 만행을 저질렀다.

1965년 X자형 목책 경계선 설치→1968년 Y자형 철책으로 다시 세워

대한민국 군 수뇌부로서는 근본적인 해결책이 필요했다. 그때가 1960년대 중반이었다. 그 대안을 제시한 사람이 바로 6·25전쟁 때 용장으로 명성을 떨친 한신(韓信, 합참의장 역임) 장군이었다. 한신 장군은 1964년 8월 6

군단장에 부임했다. 부임해서 보니 휴전선을 맡고 있는 예하 사단들이 북한군의 잦은 침투로 골치를 앓고 있었다.

그때 한신 장군이 생각해 낸 것이 바로 전방에 널려 있는 아름드리 나무를 베어 'X자형 목책(木柵)'을 세우는 것이었다. 한신 군단장은 휴전선을 맡고 있는 예하 사단장들에게 목책을 설치하도록 지시했다.

그것을 보고 있던 육군의 다른 군단에서도 6군단을 따라 목책을 세우게 됐다. 그때가 1965년 상황이었다. 6·25전쟁이 끝난 지 12년이 지난 뒤에야 비로소 국경선에 나무로 만든 '목책 경계선'이 설치됐다.

그런데 목책 경계선에는 몇 가지 문제가 있었다. 목책이 일시적으로 적의 침투를 막는 데는 어느 정도 성공했지만, 근본적인 대책으로서는 부족한 점이 많았다. 먼저 목책은 굵은 나무로 되어 있기 때문에 전방의 시야를 가렸고, 그다음은 나무로 경계선을 만들다 보니 쉽게 썩었다. 그리고 그것을 보수하려면 많은 시간과 노력 그리고 엄청난 나무가 필요했다.

휴전선에서 경계작전을 수행하고 있는 국군 장병(한강하구 말도지역)

휴전선은 동서 250킬로미터에 달하는 엄청난 길이였다. 1미터에 나무 5그루만 설치한다 해도 125만 그루의 나무가 필요했다. 어마어마한 양이 아닐 수 없다. 더군다나 시간이 지나자 북한군은 썩은 목책 사이로 침투해 들어왔다. 보다 근본적인 대책이 절실했다.

Y자형 철책 아이디어…김성은 국방부장관과 정승화 인사국장

이제 휴전선의 경계문제는 전선을 맡고 있는 전방의 지휘관뿐만 아니라 국방부 장관을 비롯한 군 수뇌부로 번졌다. 그때 나온 해결책이 바로 영구적인 '와이(Y)자형 철책선'을 설치하는 것이었다.

철책 설치에 대한 아이디어는 김성은(金聖恩) 국방부 장관과 국방부 인사국장 정승화(鄭昇和, 육군 대장 예편, 육군참모총장 역임) 장군에게서 나왔다. 김성은 장관은 철책으로 된 미8군의 울타리를 보고 생각해 냈고, 국방부 인사국장 정승화 장군은 한신 6군단장 밑에서 부군단장을 할 때 목책의 단점을 보고 '와이(Y)자형 철책'을 생각한 바 있다.

그런데 마침 김성은 장관이 그런 문제 고민하자, 장관실로 들어가 이를 건의하게 됐다. 두 사람은 바로 휴전선에 철책을 설치하는 데에 공감했다. 그렇게 됨으로써 휴전선에 '와이(Y)자형 철책선' 설치가 급물살을 타게 됐다. 김성은 장관은 즉각 국방부 시설국장인 김묵(金默, 육군 소장 예편) 장군을 불러 소요 예산을 산출하도록 지시했고, 김성은 장관은 이를 갖고 미8군사령관을 찾아가 해결했다. 이때부터 육군에서는 강원 양구에 주둔하고 있는 21사단에 시범적으로 철책선을 설치하도록 했다. 21사단이 성공적으로 철책선을 설치하자, 전 휴전선에 '와이(Y)자형 철책선'을 설치하게 됐다. 이로써 오늘날의 휴전선의 모습이 갖추어졌다. 그때가 1968년이다. 휴전한 지 실로 15년 만에 이룬 국군의 쾌거였다.

휴전선 철책 설치 작업은 간단했다. 시멘트로 기초공사를 한 후 그 위에 쇠말뚝을 세우고, 그 사이에 '철망(쇠 그물)'을 쳐 놓으면 됐다. 그리고 철망 맨 꼭대기에는 적이 타고 쉽게 올라올 수 없도록 Y자 형태로 벌려 놓았다.

그 결과 철책선은 나무로 만든 목책처럼 썩지도 않고, 철조망 사이로 전방도 잘 보였다. 경계병력도 대폭 감소했다. 효과 만점이었다. 여기에 적의 야간 침투에 대비하여 전등을 설치하고, 나중에는 철책선 감시와 경비 감독을 철저히 하기 위해 철책선 후방을 따라 자동차 순찰 도로를 만들었다.

북한, 지상 침투 어려워지자 해안공략…해안선 따라 추가 설치

국군은 휴전선뿐만 아니라 철책선 설치를 해안선으로 확대했다. 서해안은 임진강 대안을 따라 한강의 행주 나루터와 김포반도로 이어졌고, 동해안은 고성-강릉-주문진 연안까지 설치됐다. 동서 해안선에 철책을 설치한 것은 휴전선에 철책이 설치되자, 지상 침투가 어렵게 된 북한군이 해안을 이용하여 침투했다.

그런 점에서 해안선 철책 설치는 대성공이었다. 국군에 의해 휴전선과 해안선에 철책이 설치돼 침투가 어렵게 되자, 북한군은 휴전선 일대에 땅굴을 파게 됐다. 그렇지만 북한의 그런 침투와 도발은 국군의 완벽한 방어태세에 의해 무력화됐다. 이것이 바로 정전협정 체결 이후 약 70년을 이어온 '휴전선의 국군 역사'다. 그런 점에서 보면 휴전선은 국군과 함께 애환(哀歡)을 같이 나눈 '대한민국의 국방역사'이기도 하다.

I. 국문 문헌

정부 공간사

국방부,「국방부사」제1집, 국방부, 1987.
국방부,「국방부사 1992~1994」, 국방부, 1994.
국방부,「국방부사 1994~1995」, 국방부, 1997.

국방부,「국방사 1945.8~1950.6」제1권, 전사편찬위원회, 1984.
국방부,「국방사 1945.8~1950.6」제1권(증보판), 군사편찬연구소, 2018.
국방부,「국방사 1950.6~1961.6」제2권, 전사편찬위원회, 1987.
국방부,「국방사 1961.5~1971.12」제3권, 전사편찬위원회, 1990.
국방부,「국방사 1972.1~1981.12」제4권, 군사편찬연구소, 2002.
국방부,「국방사 1982~1990」제1권, 군사편찬연구소, 2011.

국방군사연구소,「건군 50년사」, 국방군사연구소, 1998.
국방군사연구소,「국방사연표 1945~1960」, 국방군사연구소, 1994.
국방군사연구소,「국방정책변천사 1945~1994」, 국방군사연구소, 1995.
국방부 군사편찬연구소,「국방정책변천사 1988~2003」, 국방부, 2016.
국방부 군사편찬연구소,「국군과 대한민국 발전」, 국군인쇄창, 2015.
국방부 군사편찬연구소,「한미동맹 60년사」, 국군인쇄창, 2013.

국방군사연구소,「한국전쟁」(상), 국방군사연구소, 1995.
국방군사연구소,「한국전쟁」(중), 국방군사연구소, 1996.
국방군사연구소,「한국전쟁」(하), 국방군사연구소, 1997.
국방군사연구소,「한국전쟁지원사」, 신오성, 1995.

국방부 군사편찬연구소,「6·25전쟁사」제1권, 국방부, 2004.
국방부 군사편찬연구소,「6·25전쟁사」제2권, 국방부, 2005.
국방부 군사편찬연구소,「6·25전쟁사」제3권, 국방부, 2006.
국방부 군사편찬연구소,「6·25전쟁사」제4권, 국방부, 2008.
국방부 군사편찬연구소,「6·25전쟁사」제5권, 국방부, 2008.
국방부 군사편찬연구소,「6·25전쟁사」제6권, 국방부, 2009.
국방부 군사편찬연구소,「6·25전쟁사」제7권, 국방부, 2010.
국방부 군사편찬연구소,「6·25전쟁사」제8권, 국방부, 2011.
국방부 군사편찬연구소,「6·25전쟁사」제9권, 국방부, 2012.
국방부 군사편찬연구소,「6·25전쟁사」제10권, 국방부, 2012.
국방부 군사편찬연구소,「6·25전쟁사」제11권, 국방부, 2013.
국방부 군사편찬연구소, 연세대학교 이승만연구원,「사진으로 보는 6·25전쟁과 이승만 대통령」, 2011.

국방부 전사편찬위원회,『한국전쟁사』제1권, 국방부, 1977.
국방부 전사편찬위원회,『한국전쟁사』제2권, 국방부, 1979.
국방부 전사편찬위원회,『한국전쟁사』제3권, 국방부, 1970.
국방부 전사편찬위원회,『한국전쟁사』제4권, 국방부, 1971.
국방부 전사편찬위원회,『한국전쟁사』제5권, 국방부, 1972.
국방부 전사편찬위원회,『한국전쟁사』제6권, 국방부, 1973.
국방부 전사편찬위원회,『한국전쟁사』제7권, 국방부, 1974.
국방부 전사편찬위원회,『한국전쟁사』제8권, 국방부, 1975.
국방부 전사편찬위원회,『한국전쟁사』제9권, 국방부, 1976.
국방부 전사편찬위원회,『한국전쟁사』제10권, 국방부, 1980.
국방부 전사편찬위원회,『한국전쟁사』제11권, 국방부, 1981.

해군본부,『바다로 세계로 : 사진으로 본 해군 50년사 1945~1995』, 해군본부, 1995.
해병대사령부,『사진으로 본 해병대 50년사 1949~1999』, 해병대사령부, 1999.

단행본

강성재,『참군인 이종찬 장군』, 동아일보사, 1986.
강영훈,『나라를 사랑한 벽창우』, 동아일보사, 2008.
공정식,『바다의 사나이 영원한 해병』, 해병대전략연구소, 2009.
김병형,『장철부 전기: 끝없이 가는 길』(미간행).
김성은,『회고록: 나의 잔이 넘치나이다』, 아이템플코리아, 2008.
김정렬,『김정렬회고록』, 을유문화사, 1993.
김정렬,『항공의 경종: 김정렬 회고록』, 대희, 2010.
김주환 편,『미국의 세계전략과 한국전쟁』, 청사, 1989.
김중생,『조선의용군의 밀입북과 6·25전쟁』, 명지출판사, 2000.
김홍일,『대륙의 분노』, 문조사, 1972.
남시욱,『6·25전쟁과 미국』, 청미디어, 2015.
남시욱,『한미동맹의 탄생비화』, 청미디어, 2020.
남정옥,『한미군사관계사』, 국방부군사편찬연구소, 2002.
남정옥,『6.25전쟁시 예비전력과 국민방위군』, 한국학술정보, 2010.
남정옥,『미국은 왜 한국전쟁에서 휴전할 수밖에 없었을까』, 한국학술정보, 2010.
남정옥,『이승만 대통령과 6·25전쟁』, 이담 북스, 2010.
남정옥,『백선엽』, 백년동안, 2015.
남정옥,『밴플리트 대한민국의 영원한 동반자』, 백년동안, 2015.
남정옥,『북한남침 이후 3일간 이승만 대통령의 행적』, 살림, 2015.
남정옥외,『박정희 대통령 100대 치적』, 박정희대통령기념재단, 2018.
남정옥,『군사전문가가 기록으로 살펴본 차일혁의 삶과 꿈』, 후아이엠, 2019.
남정옥·오동룡,『대한민국을 지킨 영웅들』, 청디미어, 2020.

데이비드 햅버스탬 지음, 정윤미, 이은진 옮김, 『The Coldest Winter : 한국전쟁의 감추어진 역사』, 살림출판사, 2009.

로버트 T. 올리버 저, 박일영 역, 『대한민국 건국의 비화 : 이승만과 한미관계』, 계명사, 1990.

마이클 샬러 지음, 유강은 옮김, 『더글라스 맥아더』, 이매진, 2004.

매튜 B. 리지웨이, 김재관 역, 『한국전쟁』, 정우사, 1984.

모스맨 지음, 백선진 옮김, 『밀물과 썰물』, 대륙연구소 출판부, 1995.

박 실, 『6·25전쟁과 중공군』, 청미디어, 2013.

박정인, 『박정인 회고록, 풍운의 별』, 홍익출판사, 1994.

백기인, 『건군사』, 군사편찬연구소, 2002.

백선엽, 『6·25전쟁 회고록 : 군과 나』, 재단법인 대륙연구소, 1989.

복거일, 『대한민국을 구한 지휘관 리지웨이』, 백년동안, 2015.

서우덕 외, 『방위산업 40년 끝없는 도전의 역사』, 플레닛미디어, 2015.

신현준, 『노해병의 회고록』, 가톨릭출판사, 1989.

신형식 역, 『한국전쟁 해전사』, 21세기군사연구소, 2003.

심융택, 『박정희 대통령의 핵개발 비화 : 백곰, 하늘로 솟아 오르다』, 기파랑, 2013.

안동만·김병교·조태환, 『백곰, 도전과 승리의 기록』, 플레닛미디어, 2015.

오원철, 『박정희 어떻게 경제강국 만들었나』, 동서문화사, 2006.

오진근, 임성채 공저, 『손원일 제독』, 한국해양전략연구소, 2006.

온창일 외, 『6·25전쟁 60대전투』, 황금알, 2010.

온창일, 『한민족전쟁사』, 집문당, 2007.

와다 하루끼 지음, 서동만 옮김, 『한국전쟁』, 창작과비평사, 1999.

유병현, 『한미연합사창설의 주역 유병현 회고록:노장의 마지막 전투』, 조갑제닷컴, 2013.

유영익 외, 『한국과 6·25전쟁』, 연세대학교출판부, 2003.

유영익 편, 『이승만 대통령 재평가』, 연세대학교출판부, 1995.

유재흥, 『격동의 세월』, 을유문화사, 1994.

이대용, 『6.25와 베트남전 두 사선을 넘다』, 기파랑, 2010.

이상호, 『맥아더와 한국전쟁』, 푸른역사, 2012.

이상호, 『인천상륙작전과 맥아더』, 백년동안, 2015.

이상호, 『한국전쟁 : 전쟁을 불러온 것들 전쟁이 불러온 것들』, 섬앤섬, 2020.

이주영, 『이승만 평전』, 살림, 2014.

이윤식, 『창석 최용덕의 생애와 사상』, 공군본부, 2007.

이한림, 『세기의 격랑』, 팔복원, 1994.

이형근, 『군번1번의 외길 인생: 이형근 회고록』, 중앙일보사, 1993.

임동원, 『피스메이커』, 창비, 2015.

임부택, 『임부택의 한국전쟁비록 : 낙동강에서 초산까지』, 그루터기, 1996.

장도영, 『망향 : 전 육군참모총장 장도영 회고록』, 숲속의 꿈, 2001.

장성환, 『나의 항공생활』, 공군본부 정훈감실, 1954.

장창국, 『육사졸업생』, 중앙일보사, 1984.

정일권, 『정일권 회고록: 6·25비록, 전쟁과 휴전』, 동아일보사, 1986.

장준익, 『북한 인민군대사』, 서문당, 1991.

장준익, 『북한 핵위협 대비책』, 서문당, 2015.

조영길,『자주국방의 길: 자주 국방의 열망, 그 현장의 기록』, 플래닛미디어, 2019.

조성훈,『한국전쟁과 포로』, 선인, 2010.

주영복,『내가 겪은 조선전쟁』제1권, 고려원, 1991.

주영복,『내가 겪은 조선전쟁』제2권, 고려원, 1991.

차길진,『빨치산 토벌대장 차일혁의 수기』(개정증보판), 후아이엠, 2011.

차길진,『빨치산 토벌대장 차일혁의 기록 : 또 하나의 전쟁』, 후아이엠, 2014.

채명신,『사선을 넘고 넘어』, 매일경제신문사, 1994.

채명신,『베트남전쟁과 나』, 팔복원, 2013.

최상호,『6.25전쟁 여군참전사』, 국방부군사편찬연구소, 2012.

최영희,『戰爭의 現場』, 결게이트, 2009.

프란체스카 저, 조혜자 역,『프란체스카의 난중일기: 6·25와 이승만』, 기파랑, 2010.

한 신,『신념의 삶속에서』, 명성출판사, 1994.

한표욱,『韓美外交 요람기』, 중앙일보사, 1984.

한표욱,『이승만과 한미외교』, 중앙일보사, 1996.

II. 외국어 문헌

영문 자료

Acheson, Dean. *Present At the Creation : My Years in the State Department*(New York : W. W. Norton & Company, Inc., 1969).

Appleman, Roy E. *Disaster in Korea, The Chinese Confront Macarthur*(Texas : A&M University Press, 1989).

Appleman, Roy E. *Escaping the Trap, The US Army X Corps in Northeast Korea, 1950*, Texas : A&M University Press, 1988.

Barros, James. *Trygve Lie and the Cold War*, Northern Illinois University Press, 1989.

Cagle, Malcolm W. and Manson, Frank A. *The Sea War in Korea*, Annapolis : U.S. Naval Institute, 1957.

Cowart, Glenn C. *Miracle in Korea*(Columbia, 1992).

Crane, Conrad C. *American Airpower Strategy in Korea, 1950-1953*(Lawrence, Kansas : University Press of Kansas, 2000).

Goodrich, Leland M. *Korea: A Study of U. S. Policy in the United Nations*(New York: Council on Foreign Relations, 1956).

Hammel, Eric M. *Chosin : Heroic Ordeal of Korean War*(CA Novato : Presidio Press, 1990).

Kennan, George F. *Memoirs, II, 1950-63*(Boston, Tronto: Little, Brown and Company, 1972).

Kesaris, Paul. *Records of the Joint Chiefs of Staff, Part II : 1946-1953 The Far East*, Washington, A Microfilm Project of University Pub. of America, Inc., 1979, No. 9.

Leary, William M. *Anything, Anywhere, Anytime Combat Cargo in the Korean War*, 2000.

MacArthur, Douglas. *Reminiscence*(New York : McGraw-Hill Book Company, 1964).

Matray, James A. *Historical Dictionary of the Korean War*(Westport, CT: Greenwood Press, 1991).

Mossman, Billy C. *United States Army in Korea War : Ebb and Flow November 1950-July 1951*(Washington, D.C. : Center of Military History United States Army, 1990).

Myers, Kenneth W. *U.S. Military Advisor Group to the ROK : KMAG's Wartime Experiences, 11 July 1951 to 27 July 1953*, (Undated), RG 338, Military Historians Files, Boxes 12-13.

Panikkar, K. M. *In two Chinas : Memoirs of Diplomat*(London : George Allen & Unwin LTD., 1955).

Paterson, Thomas G. Clifford Gary, and Hagan Kenneth J. *American Foreign Policy : A History 1990 to Present*(Lexington, Massachusetts Toronto : D.C. Heath and Company, 1988).

Rees, David. *Korea : The Limited War*(London : Macmilan, 1964).

Robert K. Sawyer. *Military Advisors in Korea KMAG in Peace and War*(Univ. Press of the Pacific Honolulu, 1988).

Schnabel, James F., and Watson Robert J. *History of the Joint Chiefs of Staff: The Joint Chiefs of Staff and National Policy*, Vol.III 1951-1953, The Korean War, Part One(Washington, D.C.; Office of Joint History, Office of the Chairman of the Joint Chiefs of Staff, 1998).

Schnabel, James F. *Policy and Direction : The First Year*(Washington, D.C. : Center of Military History United States Army, 1988).

Shrader, Chares R. *Communist Logistics in the Korean War*(London Westport : Greenwood Press, 1995).

Stratemeyer, George E. *The Three Wars of Lt. Gen. George E. Stratemeyer His Korean War Diary*(Washington : Air Force History and Museums Program, 1999), Edited by Blood, William T. Y.

Stueck, William. *The Korean War : An International History*(New Jersey, Princeton : Princeton University Press, 1995).

The Air University of USAF. *United States Air Force Operations in The Korean Conflict 1 November 1950-30 June 1952*, 1955.

Truman, Harry S. *Memoirs : Years of Trial and Hope*(Garden City, New York : Double day & Co., Inc., 1956).

소련 자료

국방부 군사편찬연구소 역, 『소련군사고문단장 라주바예프의 6·25전쟁 보고서』 제1권, 2001년.
국방부 군사편찬연구소 역, 『소련군사고문단장 라주바예프의 6·25전쟁 보고서』 제2권, 2001년.
국방부 군사편찬연구소 역, 『소련군사고문단장 라주바예프의 6·25전쟁 보고서』 제3권, 2001년.
러시아 국방부 편, 김종국 역, 『러시아가 본 한국전쟁』, 오비기획, 2002.
소련군 총참모부 저, 국방부 군사편찬연구소 역, 『소련군 총참모부 전투일지 : 1950년 6월 25일~1951년 12월 31일』(미발간).
아바쿠모프 보리스 세르게예비치 저, 공군본부 역, 『소련 MiG-15 조종사의 한국전쟁 회고』, 공군본부, 2004.
예프게니 바자노프, 나딸리아 바자노프 저, 김광린 역, 『소련의 자료로 본 한국전쟁의 전말』, 열림, 1998.
토르쿠노프 저, 구종서 역, 『한국전쟁의 진실과 수수께끼』, 에디터, 2003.

중국 자료

국방부 군사편찬연구소 역,『중국군의 한국전쟁사』제1권, 2002.
국방부 군사편찬연구소 역,『중국군의 한국전쟁사』제2권, 2005.
국방부 군사편찬연구소 역,『중국군의 한국전쟁사』제3권, 2005.
한국전략문제연구소 역,『중공군의 한국전쟁사』, 세경사, 1991.
홍학지 저, 홍인표 역,『중국이 본 한국전쟁』, 고려원, 1992.

북한 자료

북한사회과학원 역사연구소,『조선전사』제25권, 북한 과학, 백과사전출판사, 1981.
북한사회과학원 역사연구소,『조선전사』제26권, 북한 과학, 백과사전출판사, 1981.
북한사회과학원 역사연구소,『조선 전사』제27권, 북한 과학, 백과사전출판사, 1981.

인 명

주요 기관 및 사건